江守山醫師教妳：

活毒素，健康受孕、養胎

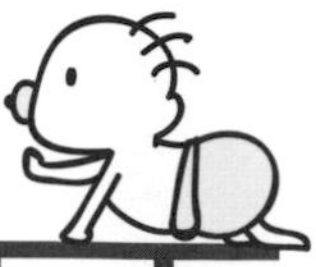

好孕無毒

腎臟科名醫 江守山——著

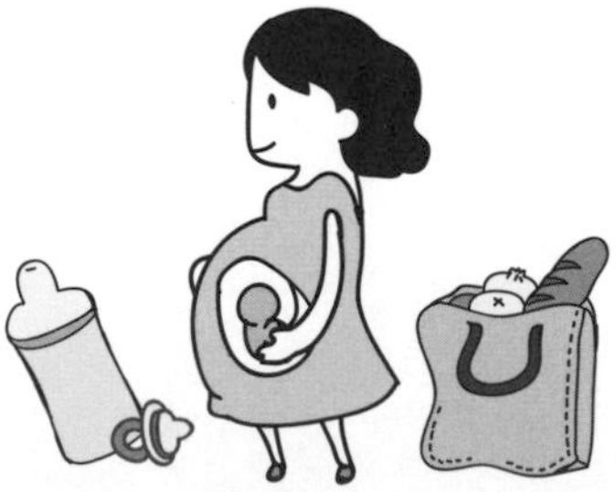

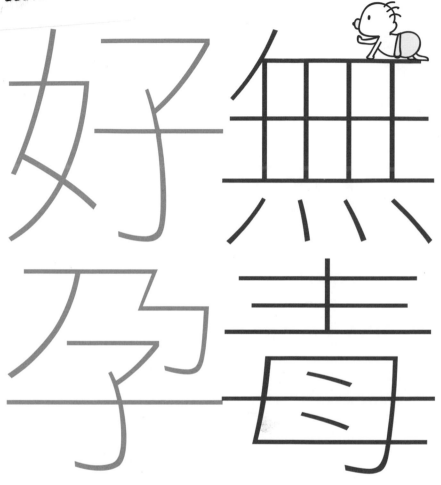

目錄

PART 1 飲食．環境．觀念3大毒，正在傷害準媽咪

揪出不孕及孩子過敏、過動的真正禍首！

CH1——【飲食的毒】一人吃兩人補↓爸媽中毒，胎兒當然也遭殃

目錄

PART 2

掌握3大孕期養胎術，讓媽咪胎兒都受益

生養健康寶寶的關鍵，從受孕那一刻開始

CH4 孕期養胎術① 好飲食+優環境，無毒最好孕

CH5 孕期養胎術② 養胎8大營養素↓胎兒更健康

目錄

CH6——孕期養胎術③ 準媽咪健康計畫→孕期好生活

PART 3

月子期照護重點，守護媽咪和寶寶健康

善用坐月子提供營養、防止毒害

CH7——產後照護① 媽媽的營養攝取↓滿足產後身體修護&哺餵母乳所需

CH8——產後照護② 寶寶的營養攝取↓母乳、配方乳、副食品的階段運用

- 本書隨時舉辦相關精采活動，請洽服務電話：02-23925338 分機 16。
- 新自然主義書友俱樂部徵求入會中，辦法請見本書讀者回函卡。

推薦序❶

好孕防毒祕笈就在這！

不孕是現代夫妻常見的困擾之一，通常會造成婚姻生活的壓力。即使懷孕了，也接著會擔心胎兒的發育是否健康正常；當懷胎十月結束，順利生下一個可愛的baby後，未來在小孩成長過程中，也會擔心過敏或過動的問題。歸究其原因，就是我們生活周遭充斥著太多的有毒物質，包括看得見的、看不見的，通通如納百川似的鑽進身體來，食衣住行各方面無一倖免，即使有心防範，也常常百密一疏，讓毒物有機可乘。

二〇一一年的塑化劑風暴大家記憶猶新，成功大學的研究更指出，國內孕婦尿液中塑化劑相關代謝產物的含量，是先進國家孕婦的八至二十倍；但生活中不是只有塑毒，其他隱藏在食物、日用品、環境中的毒素更是不勝枚舉，一般人皆已身受其害，孕婦當然無法倖免。但恐慌並不能解決問題，我們要想辦法扭轉劣勢，例如：自己挑選好食材烹調，減少外食，一切過得簡單，天然的最好，一面調養身體一面也為懷孕做準備，持續如此健康無毒的生活，攝取均衡飲食，不但對自己身體好，也為養胎打下良好的基礎，至於該怎麼做，翻開江醫師這本書就會一目了然。

書中從準備懷孕、養胎到坐月子的過程與方式皆有詳細說明，內容面面俱到，除了提供實用的觀念與要訣外，連常見的迷思也一併講清楚、說明白。我所認識的江醫師是陽明大學醫學系畢業的傑出校友，學有專精，且在看診時或節目上，經常表達其獨特的見解，進而造福許多為健康問題而困擾的民眾。我非常樂見這本既有豐富內涵又淺顯易懂的好書出版，也欣然為文予以推薦。

陽明大學醫學院藥理教授／台北市議員

潘懷宗

推薦序

健康受孕，安全養胎，幸福坐月子，原來這麼簡單

哇！孕媽咪們有福了！江醫師長期致力於研究毒物，針對如何辨毒、避毒也出了許多本暢銷書，但就健康受孕、養胎、坐月子的主題，卻是第一本，想必孕媽咪們跟我一樣都很期待吧！在本書中江醫師從現在普遍看到的夫妻不孕、小產、早產、孩童過敏、過動……等等現象去探討並教導大家正確的健康知識。像是從「居住環境、飲食及觀念偏差的三毒」所帶來的傷害與危機來剖析，把原本枯燥艱澀的問題，用淺顯易懂的方式來表達，讓我們一看就懂，原來健康受孕，安全養胎，幸福坐月子也可以這麼簡單。

我本身在坐月子產業已經投入十五年之久，服務的孕產婦多達數千位，雖然憑藉累積的實際經驗，常常提醒準媽咪們孕期該注意什麼，教她們解決相關坐月子問題，卻也是知其然而不知其所以然。閱讀了很多相關書籍，一樣是教我們要如何做，卻沒告訴我們為什麼要這麼做的根本原因，總是讓我覺得缺少了點什麼。

這次有幸搶先閱讀到《安心好孕：江守山醫師教你遠離毒素，健康受孕、養胎、坐月子》這本書，讓我把以往那些為何要這麼做的根本原因都找到了！就像平時向江醫師請教問題一樣，江醫師總是很有耐心的引用非常多的數據、研究報告給我們專業的回答，讓我們頓時安心下來。因此，我誠摯推薦這本書給正準備受孕的夫妻或準爸媽們，希望您讀過之後也能像我一樣受益良多。

紫莉月子經紀創辦人／首席月子顧問

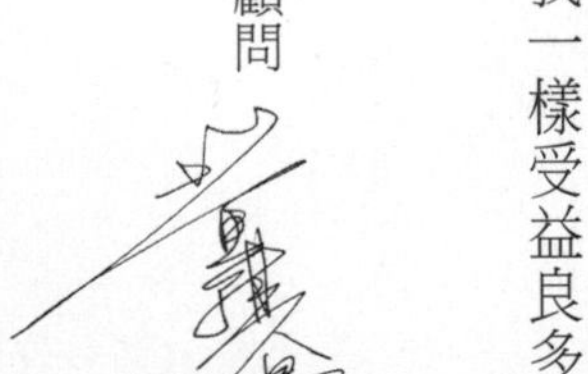

作者序

換個角度，給你不一樣的養胎、坐月子新觀念

「咦？江醫師談養胎、坐月子？」「江醫師是腎臟科醫師，他對新生兒和孕婦、產婦了解嗎？」「他有足夠的專業談婦幼保健嗎？」看到我寫這本關於養胎、坐月子的健康書時，相信很多人會有這樣的疑問。

我確實不是婦幼專科醫師，但為人父母的我了解，在養兒育女過程中，打從懷孕的那一刻起，爸爸媽媽只想給孩子最好的那份心情與期待。因此，本書並不是要談婦產科的專業，而是換個角度，從腎臟科專科醫師的「防毒」觀點，提醒大家注意現代飲食與環境毒素對孕產婦、胎兒和嬰兒健康的影響。

或許有人會說，江醫師動不動就提到防毒，不過，這就是我們要面對的現實，而且我要跟各位說，「孕期防毒」關係著我們的下一代，對未來的影響恐怕比你想像的還要深遠，因為發育中的胎兒和嬰兒對毒素更敏感，一個不小心，賠上的就是孩子一輩子的健康與未來。想要孕育健康寶寶，就必須從養胎到坐月子，打造零毒害的育兒環境。

為此，我列舉出最容易被爸媽忽略、「中毒機率最高」且「對胎兒和嬰兒傷害最大」的五大飲食毒素和四大環境毒素，只要準爸媽們掌握書中 Part 1所提到的飲食、環境避毒方法，再搭配 Part

2、3中的孕期、產後防毒要訣，就能有效降低毒害風險，打造無毒好孕之道，讓寶寶安心、健康的成長。

有健康的媽媽，才有健康的下一代

除了我的「無毒」主張外，我也想從我長期研究的營養學觀點，幫助孕期及產後媽媽補充足夠的營養，孕育健康寶寶並解決懷孕的生活困擾。像是剛懷孕的準媽咪最容易遇到的孕吐問題，很多父母可能認為，這是懷孕必經的過程，忍耐一下就過去了，可是對孕吐厲害的人來說，那可是非常難受的一段歷程。

遇到孕吐的情況，婦產科醫師可能會開西藥幫忙緩解，而從我長期研究食物與人體營養的過程中，我發現要緩解孕吐，不一定要吃藥，只需喝些薑湯、薑汁就可以了。對準媽咪來說，不用吃藥（減少對胎兒的影響）又能緩解難受的孕吐，這不是更輕鬆愉快嗎？

另外，孕媽咪很容易肚子餓，但時常被建議少量多餐，比較容易忽略並不是吃不夠，而是補充的蛋白質不足，這也可能會會導致媽媽忍不住越吃越胖，腹中胎兒卻始終長得不夠大。

因此，本書除了集結飲食生活的防毒關鍵外，還針對孕期必要八大關鍵營養素做重點加強，告訴懷孕媽咪及產後媽咪，該怎麼吃才能滿足寶寶的需要又不會造成媽咪身體的負擔；並且破解從懷孕到坐月子最讓媽媽們困擾的八大迷思，像是坐月子要吃豬肝、豬腰子、麻油雞等食物進補，不能吹風、洗頭、洗澡等等，以及為所有產後媽媽歸納「月子餐六大重點」，讓媽媽和寶寶都能確實攝取所需要的營養，同時獲得真正符合現代環境需要的完整保護。

打造一個能讓寶寶健康長大的優生環境

總而言之，我寫這本書是希望能提供不一樣的醫學專業角度，幫助準備懷孕、已經懷孕和正在哺乳、坐月子的爸媽及準爸媽們，更周全的孕期生活照護、營養攝取及避開容易被我們忽略的食品及環境毒害汙染，從優生的觀點切入，結合我長期關注的環境、生活、食品、營養等養生防毒專業研究的精華，提醒爸媽在補充營養的同時，要慎選食材；布置寶寶新家時，要注意環境毒素；養胎、坐月子時，更要破除傳統錯誤迷思，打造一個能讓寶寶健康長大的優生環境。

畢竟，孩子的健康是所有爸媽的希望，而胎兒期與嬰兒期是人一生中最關鍵的發育時期，只要能好好把握，確實做好防毒保護並給予所需營養，就能幫孩子扎穩健康的根基，使孩子未來的學習、發育更加順利，這才是讓孩子真正受用不盡的最好資產，也是身為醫師最樂見的未來！

如何打造適合孕產婦及寶寶的健康環境？

3分鐘檢測你的準爸媽IQ指數

生個健康寶寶，是每個爸媽最大的期望，而決定孩子健康的關鍵，就在你能否提供寶寶良好的成長環境。其中，寶寶成長需要的子宮、一歲前喝的母乳，都是決定寶寶是否能健康成長的關鍵。

以下15個小問題，檢測你和寶寶的健康風險指數，快來看看你是否有足夠的知識能保護自己和孩子的健康吧！

Q1

（　　）**孕期、產後都建議多吃魚，新鮮無加藥的魚應該怎麼挑選？**

❶魚的眼睛是否透明光亮　❷掀開魚鰓聞味道是否刺鼻

❸觸摸魚皮是否有起黏液　❹按壓魚肉是否有彈性

Q2

（　　）吃魚除了挑魚種，同時也要挑部位，在同一隻魚身上，哪個部位重金屬累積含量會最高？

❶魚皮　❷魚肉

❸魚頭　❹魚子

Q3

（　　）想降低胎兒受農藥毒害風險，下列哪一種蔬菜的農藥殘留風險較低？

❶甜椒（彩椒）、青椒　❷萵苣

❸青江菜　❹茄子

Q4

（　　）產後坐月子常會吃麻油雞，想避免買到過度用藥而快速生長的「藥養雞」，買雞肉時可當心哪一點？

❶骨細肉多　❷骨粗肉多

❸肉多皮厚　❹骨粗皮厚

Q5

（　　）懷孕前BMI值27的準媽媽，孕期的理想體重應該增加多少？

❶13～18公斤　❷12～16公斤

❸7～12公斤　❹5～9公斤

Q6

（　　）孕吐難過時，可以吃什麼緩解？

❶ 薑＆薑製品　❷ 蒜＆蒜製品

❸ 蔥＆蔥製品　❹ 以上皆是

Q7

（　　）懷孕時，哪一種營養素攝取不足，準媽媽就容易感到飢餓？

❶ 鈣　❷ 醣類

❸ 蛋白質　❹ 葉酸

Q8

（　　）孕期的營養補充，下列哪兩種營養素會互相抑制，不宜同時攝取？

❶ 鈣和鐵　❷ 鈣和葉酸

❸ 鐵和維生素D　❹ 維生素D和葉酸

Q9

（　　）孕期補充魚油，DHA、EPA的比例最好多少才能滿足胎兒需求？

❶ 3：1　❷ 3：1

❸ 2：3　❹ 2：3

Q10

(　　)孕期補充哪一種營養素，有助預防子癇前症？

❶ 葉酸　❷ 鈣

❸ 鐵　❹ 益生菌

Q11

(　　)下列哪一種食物對胎兒健康無害，孕期不需要特別忌口？

❶ 植物乳化油　❷ 苦瓜

❸ 亞麻籽　❹ 辣椒

Q12

(　　)懷孕哪個階段較適合出國旅遊？

❶ 第1孕期　❷ 第2孕期

❸ 第3孕期　❹ 都不適合

Q13

(　　)產後哺乳期間，應避免以下哪一種食物？

❶ 酒　❷ 葫蘆巴

❸ 奶薊　❹ 啤酒酵母

Q14

(　　)

寶寶從哪個階段開始，應在母乳之外同時搭配嬰兒配方乳補充營養？

❶ 3個月
❷ 6個月
❸ 9個月
❹ 1歲

Q15

(　　)

選購嬰兒配方乳，應避免以下哪一種成分？

❶ 牛磺酸
❷ 酪蛋白
❸ 低聚半乳糖
❹ 麥芽糊精

★做完測驗了嗎？讓我們一起來看看答案！

A1

❷掀開魚鰓聞味道是否刺鼻

許多傳統的挑魚要訣，現在只要浸泡化學藥劑就能克服，例如在漁獲中加入二氧化硫和甲醛，這種方式不僅可以保鮮，還可以保色，使魚的眼睛永遠透明光亮、鰓永遠鮮紅、皮不起黏液、魚肉保有彈性；目前買魚時唯一有效的判斷方法就是「掀起魚鰓、用鼻子聞」，因為魚鰓部位像個小房間，會稍微凝聚氣味，假如掀起魚鰓聞起來有些腥味，就表示不新鮮，而若有些刺鼻味，就表示可能浸泡過化學藥劑。

A2

❸魚頭

重金屬會累積在魚油脂多的部位。即使同一隻魚，各部位的含汞量也大不相同，由高至低分別為：「魚頭」大於「魚皮」大於「魚的內臟脂肪」大於「魚肉」大於「魚子」，因此吃魚不僅要挑魚種，還要避開魚頭、魚皮和內臟脂肪三大高風險部位。

A3

❹茄子

甜椒（彩椒）、青椒、萵苣、青江菜皆經常名列「農委會農業藥物毒物試驗所」農藥檢驗不合格前十大，而且不合格的次數和農藥殘留狀況都相當嚴重，只有茄子較少上榜，風險較低。

A4

❶骨細肉多

雞有沒有用藥很難從外觀來判斷，可以留意的就是，如果因過度用藥而導致雞隻快速生長，就會出現長肉不長骨的現象，也就是骨骼會顯得比較細，但肌肉組織卻相當肥厚，這一點在雞腿部位特別明顯，所以若吃到骨頭細小但肉卻很多的雞肉，就有可能是「藥養雞」，最好避免攝食。

A5

❸ 7～12公斤

孕期體重的增加幅度會因人而異，真正適合自己的孕期理想體重，應根據女性尚未懷孕前的BMI值來調整；根據美國國家醫學研究機構（IOM）建議，在十八・五以下的準媽媽，體重屬於過輕，所以懷孕期間可以增重十三至十八公斤；BMI值落在十八・五至二十四・九的範圍內，懷孕期間可增加十二至十六公斤；BMI值落在二十五至二十九・九，建議增重七至十二公斤。假如是BMI值超過三十的準媽媽，則建議增重五至九公斤。

A6

❶薑&薑製品

早年海軍為了緩解船員嘔吐，發現薑有緩解嘔吐的功效；双盲試驗更發現，薑緩解孕吐的效果，比維生素B_6更有效，因此建議孕吐很厲害的準媽媽，準備一些薑或薑製品，例如反胃時含一點生薑粉或是喝點薑母茶吐，或是炒菜時放些薑片等；不過要注意的是，如果孕吐很嚴重，食道被胃酸灼傷，此時就不建議再繼續吃含薑食物，應盡快就醫。

A7

❸蛋白質

蛋白質是細胞分化與建構胎兒身體器官、血液、肌肉等組織不可缺少的營養素，更是人體大腦複雜活動所不可缺少的基本物質，而且還會影響胎盤發育、羊水生成、子宮增大，以及媽媽本身血液量增加和餵哺母乳的需要，對胎兒的成長影響很大，假如攝取量無法滿足胎兒成長需要，自然就容易感到飢餓。然而我們向來以米麵為主食，許多準媽媽在肚子餓時，常會先吃米飯、麵食或是麵包、餅乾，雖然暫時可以獲得飽足感，但由於沒有攝取到蛋白質，因此很快又會感到飢餓，如此周而復始，最後便會導致媽媽越來越胖，但寶寶卻可能營養不良的情況，因此從懷孕初期開始，即使還不需要增加熱量，仍應開始增加蛋白質的攝取。

A8

❶鈣和鐵

鈣和鐵會互相抑制，所以補充時間必須錯開。

A9

❷3：1

選購魚油務必注意產品標示中DHA、EPA的比例，市面一般魚油的DHA、EPA比例以二比三較多，然而，這種「EPA比例較高，DHA較少」的魚油卻不適合孕婦，因為準媽媽的DHA、EPA比例應接近三比一，才能滿足胎兒需求。

A10

❹益生菌

已有多項人體對照雙盲研究證實，孕期服用足夠的益生菌，可有效降低子癇前症、妊娠糖尿病等周產期併發症的發生率。

A11

❹辣椒

孕期吃辣椒是安全的，而且孕期若常吃辣椒，孩子長大後通常也會喜歡吃辣。其他三種食物則有風險：①植物乳化油是一種反式脂肪，會影響胎兒神經發育，並造成新生兒體型過大；②苦瓜則有動物實驗顯示對哺乳動物的生殖系統有害，尤其孕期更有致命的風險；③亞麻籽曾被懷疑可能引起嬰兒早產（特別是在懷孕第三個月以後），且並非無可取代的必要營養素，基於保護孕婦和胎兒原則，也建議暫時將它列入飲食黑名單。

A12

❷第2孕期

孕期搭飛機，的確會增加流產、早產、靜脈血栓的風險，因此在胚胎剛著床、還不穩定的第一孕期（一至三個月），以及懷孕最後階段、身體水腫較厲害的第三孕期（七個月以上），都應盡量避免搭飛機，只有較安定的第二孕期適合安排，但仍應視個人狀況，與醫師討論再決定。

A13

❶ 酒

酒精會藉由乳汁傳遞給寶寶，寶寶常喝含有酒精的母乳，不只會有嗜睡的情況，長期下來還會造成肌肉無力、生長發育遲緩，甚至影響智力發展。

A14

❷ 6個月

母乳是所有嬰兒最好的食物，因此建議持續哺育母乳至一歲，並且在寶寶滿四至六個月前以純母乳哺育。然而隨著寶寶慢慢長大，純母乳哺餵並不足以支持寶寶六個月以後的成長及發展，尤其是維生素D，即使媽媽攝取足夠，但母乳中仍然不足，因此適度透過嬰兒配方乳以及副食品進行營養補充是必要的。

A15

❹ 麥芽糊精

嬰兒配方乳最需要注意的就是「碳水化合物（醣類）的配方成分」，目前可添加於嬰兒配方的醣類成分，一種是天然糖，如乳糖、低聚半乳糖、寡糖，另一種則是添加糖，如麥芽糊精、葡萄糖漿、澱粉、蔗糖、高果糖玉米糖漿（HFCS）、玉米糖漿等；從功能上看，這些糖都可轉化成葡萄糖，提供寶寶身體活動及快速成長發育所需要的熱量，然而添加糖比天然糖甜，一旦寶寶適應了添加糖的甜味，往往就不願意吃不太甜的奶粉和副食品，不僅嚴重影響寶寶的營養攝取，也會養成寶寶挑食、偏食習慣，而造成肥胖問題。

★寶寶的健康風險指數

□ **答對12～15題↓寶寶的健康風險：低**

你的健康知識很充足，只要稍加補強，就能給孩子一個健康又無毒的成長環境。

□ **答對8～11題↓寶寶的健康風險：中**

你的健康知識勉強及格，還需加把勁，才能給孩子一個健康又無毒的成長環境。

□ **答對10題以下↓寶寶的健康風險：高**

天啊！你的健康知識嚴重不足，寶寶的成長環境根本危機重重，快細讀本書吸取正確健康知識，給孩子一個健康又無毒的成長環境吧！

Part 1

揪出不孕及孩子過敏、過動的真正禍首！

飲食・環境・觀念3大毒，正在傷害準媽咪

二十五歲的春嬌，結婚五年，卻遲遲無法受孕。檢查原因才發現，春嬌的卵巢功能已經嚴重退化，卵子庫存量指數AMH（抗穆勒氏管荷爾蒙）僅有〇・九一（ng／ml），刺激排卵數不到兩顆，而老公志明精蟲型態的正常率也只有三％，如果想要成功懷孕，醫生建議採用人工試管受孕。只是，人工試管的受孕率也不是百分之百，幾次失敗後，志明與春嬌不禁感嘆：「為何兩人都還年輕，懷孕卻是這麼困難？」

淑惠的孩子一出生，過敏問題就沒斷過：剛出生時的過敏性濕疹（即漏脂性濕疹），就讓孩子稚嫩的頭皮布滿厚厚的黃色片狀物；只要天氣一變冷，過敏性鼻炎的困擾，不只是孩子飽受煎熬，淑惠和老公也忙得不可開交。最讓淑惠憂心的是，即使家中每個房間都設有空氣清淨機，毯子、被子也都換成防蟎商品，而且經常清洗，孩子過敏的症狀卻始終沒有改善。該試的各種療法都嘗試了，她不懂：自己和老公都不是過敏體質，為什麼孩子的過敏會這麼嚴重？她該如何改善孩子的體質呢？

十二歲的小豪像個停不下來的馬達，上課老是不專心、下課和同學起衝突；不論是在家裡還是在學校，總是讓老師和爸媽感到頭痛。經過一連串的檢查後，確診小豪患有注意力不足過動症（ADHD）。男孩子活潑好動不是正常的嗎？小豪的媽不解：為什麼三、四十年以前大家都沒有聽過的病，會找上我的孩子呢？

在過去，養兒育女是順其自然，孩子的過敏及過動問題，也沒有現在這麼多。根據衛生福利部國民健康署最新公布的資料顯示，台灣平均每六到七對夫妻就有一對不孕，估計約三十萬對夫妻正面臨不孕的困擾；而有過敏（含過敏性鼻炎、氣喘、異位性皮膚炎等）困擾的孩子，比率更高達五〇％；換句話說，每兩位小朋友中，就有一位患有過敏性疾病。此外，孕期早產、畸胎、併發症的發生比率也不低，而被診斷有過動症、自閉症、亞斯伯格症等問題的孩子人數亦有逐年攀升之勢，讓人不禁想問：「現代人到底出了什麼問題？為什麼醫學越來越進步，想生個健健康康的孩子卻越來越難？」

我認為，想要生養健康寶寶，最基本條件就是擁有健康的卵子和精子，否則別說是健康寶寶了，連懷孕的機會恐怕都沒有，像案例中的志明和春嬌，就是現代夫妻常見的困擾。除了優質的卵子和精子外，一個讓胎兒健康長大的環境（子宮），也是孕育健康寶寶的重要因子。但同樣的條件，為什麼以前人不會有的困擾，現代父母卻得面臨這麼多考驗呢？追根究柢，我認為要從大環境談起——也就是我最在意，也一直提出呼籲、提醒大家的，一定要注意「生活中的毒」！

古人早就知道防毒的重要，所以一旦家裡有孕婦，孕婦的房間就不能裝潢、油漆、買新家具、甚至不能釘一根釘子。因為房間用來睡覺，是家裡所有空間中待最多時間的地方，也就是毒物暴露風險最高的地方。一旦油漆、裝潢或買新家具，都可能帶來如甲醛、苯等致畸胎物質的入侵。

而胎兒容易受到環境中毒物的影響，可以從在實驗室中看到的一個奇怪現象說起。科學家發現很多時候母老鼠一胎生下的小老鼠中，常常出現很男性化的雌鼠，也就是比較有侵略性的個體。經過一番研究後發現這是所謂「胎位效應」。也就是這隻男性化的母鼠在娘胎中旁邊有一隻公鼠，而這隻小公鼠不到一個米粒大的小睪丸所分泌雄性激素經由臍帶外溢到隔壁的姊妹身上，就造成這隻小母鼠一輩子的行為、性格的改變。

胚胎對於化學物質的敏感，也可以見於另外一個公衛史上著名的案例。二十幾年前美國突然出現一批二十出頭的陰道癌患者，這種不尋常的情況引起醫生的注意，最後結合了縝密的公衛調查發現，這些患者當初在娘胎中，她們的母親都打過一種止孕吐的荷爾蒙。沒想到這個荷爾蒙會引起腹中的女嬰在二十年後得到陰道癌。

而人類的演化也關照到胚胎形成初期防毒的重要。七十五%的準媽媽會噁心，五○%會孕吐。它一般突然出現於妊娠第五或第六周，又在妊娠三個月後悄然消失。孕吐現象涵括了各種種族，應該不是上天想要修理孕婦。首先美國人艾爾文（Irving FC.）在弗吉尼亞醫學月刊（Virginia Med Monthly）上報告，稱有孕吐現象的孕婦比那些不孕吐者的妊娠早期（早於妊娠二十周）流產的機率更低。孕吐最嚴重的時候正好是胚胎發育最關鍵的時刻。等三個月過後，胎兒的身體已經成形，就不那麼脆弱了。再加上引起孕吐加重的食物如肉類（含寄生蟲及細菌等對於胎兒有毒物質）、味道特別重的植物（含有次級代謝物 secondary compounds），也都是容易引起流產風險的物質，所以孕吐最可能的演化意義就是在胚胎形成的初期，不需要母體攝取大量養分的時候藉由嘔吐避免孕婦吃下有礙胎兒的各種微量毒物。

已有大量研究資料顯示，飲食與環境中的化學毒物會影響人的生殖能力，甚至毒害下一代，有些毒素甚至會造成終身傷害。隨著工業與都市化過程，台灣主要河川泰半遭受嚴重污染，再加上水公司使用「氯」來消毒，用老舊鉛水管輸送自來水等因素，我們每天最重要的自來水，就潛藏著壬基酚、殘留氯以及微量鉛等毒素。這些看不見的毒素，不僅會影響卵子和精蟲的數量與品質，造成不孕、流產甚至胎兒畸形，還會損傷孩子智力，或干擾生殖系統造成女童性早熟或男童生殖器官受損等問題。

此外，生活中的牙膏、洗髮精、沐浴乳、洗衣精等清潔劑，以及奶瓶、兒童玩具、食品包裝和容器等塑膠製品，都可能含有壬基酚等界面活性劑和塑化劑等不同種類的環境荷爾蒙，長期接觸累積下來，除了導致不孕，還容易使胎兒出現先天性異常的疾病，如過敏、免疫力差、發展遲緩等，甚至引發乳癌、攝護腺癌、睪丸癌等與荷爾蒙有關的癌症。

根據世界衛生組織統計，全球不孕症比例約八％到十二％，但台灣不孕症問題卻是十％到十五％；而孩童過敏、過動等問題的發生率也不遑多讓，光是過敏兒比率就高達五〇％，氣喘兒的比率更名列亞洲第一（每十名兒童中就有一個是氣喘兒）。

至於三、四十年前大家很少聽過的過動症，據衛福部健保署統計，自二〇一〇年以來，至少就有一萬人。

這些現象提醒我們必須去找出真正的原因，而我認為最關鍵的問題在於：台灣的飲食和生活環境的確出了問題。因此我認為，如果想要好孕、優生，生養健康寶寶，那麼，除了留意產科、兒科等保健知識外，現代爸媽還必須認識飲食與環境中的毒素，從準備懷孕的那一刻開始，確實地「避免毒害」才行。

接下來，我將針對臺灣人的飲食習慣與生活環境，找出好孕、優生必防的五大飲食毒素與五大環境毒素，並且破解有礙好孕、優生的健康迷思（觀念毒素），幫助準備懷孕、正在懷孕或新手爸媽的你，打造無毒環境，迎接好孕、養出健康又聰明的孩子。

CH1 【飲食的毒】一人吃兩人補↓爸媽中毒，胎兒當然也遭殃

準備懷孕或是已經懷孕的準媽媽，一定常被周遭的人提醒要注意飲食，多攝取有助好孕或胎兒成長所需的營養，「一人吃，兩人補」，才能養個白白胖胖的健康寶寶。但這些老祖宗的「金玉良言」對物質豐富的現代人來說，可能要做些調整。因為與其擔心營養補充不足，可能更要小心「防毒」才是！

要知道，飲食與環境中的毒素不僅是現代夫妻不孕的主要原因，媽媽吃進肚子裡的毒，還會藉由胎盤送入胎兒體內，或是經由母乳讓寶寶攝食，進而影響孩子健康，嚴重時導致畸胎、早產等情況。英國產前護理協會統計發現，只要在懷孕前改善飲食習慣和減少汙染物暴露，胎兒出現先天缺陷比例就會明顯降低；美國預防先天缺陷全國網更指出，如果爸媽改善飲食並減少有毒物質的暴露量，胎兒出現先天缺陷的比例將可減少五〇%，由此可見飲食防毒的重要。

身為人體最大排毒器官——腎臟的專科醫師，我認為好孕、養胎、優生的第一步，就是要審慎防毒。唯有在飲食中避免五大汙染：塑化劑（環境荷爾蒙）、汞、鉛、農藥和食品添加物，才能好好受孕、安心養胎，生個健康寶寶！

好孕養胎最忌飲食汙染(一) 塑化劑

台灣孕婦塑化劑代謝物含量是美國13倍

在有塑膠王國之稱的台灣，塑化劑的威脅幾乎無所不在，因此打算懷孕以及已懷孕的準爸媽們，首先要注意的就是無所不在「塑化劑」。

二〇〇七年陽明大學陳美蓮教授的研究發現，國人每天經由食物攝取的塑化劑（DEHP，屬於鄰苯二甲酸酯鹽類的一種）總量，高達每公斤體重三十三・四微克，不僅遠超過美國食品藥物管理局規定每人每天的塑化劑（DEHP）最大攝取值每公斤體重二十微克，且是德國人的三倍；二〇一〇年成大環境醫學研究所李俊璋教授研究也指出，台灣孕婦體內的MBP（鄰苯二甲酸酯DBP代謝物）達八十一%，比美國高四・五倍，DEHP則高了十三倍，由此可見國人受塑化劑侵害的嚴重程度。

DEHP塑化劑是一種環境荷爾蒙，會欺騙細胞受體，擾亂真正荷爾蒙的運作與平衡，對人體的影響極為深遠，尤其是對想要好孕的夫妻、懷孕中的準媽媽，以及成長中的幼兒影響最大。

危害① 造成男性不孕

成大教授李俊璋與不孕症門診合作進行為期三年「塑化劑與男性不孕症」的研究，證實塑化劑進入男性體內會抑制睪固酮分泌，使精子的成熟度、數量及活動性下降而導致男性不孕[1]。

危害② 抑制男嬰性徵發育

DEHP塑化劑會經由母體血液進入胎兒體內，進而干擾、抑制男性生殖系統的發育；也就是說，準媽媽肚子裡的男寶寶更容易受到塑化劑的傷害[2]。美國羅徹斯特大學Shanna H. Swan教授在觀察了一百四十名男嬰及一百五十三名女嬰後也發現，血液中DEHP濃度較高的孕婦，所產下的男嬰出現去男性化表現（陰莖較小、睪丸體積小、隱睪）的機率較高。

危害③ 導致女童性早熟

成大教授李俊璋歷時三年研究，分析七十一名性早熟女童及二十九名正常女童尿液中的塑化劑濃度，發現性早熟女童尿液中塑化劑代謝物的濃度，是正常女童的一・二到二・四倍；這項研究同時也發現，塑化劑會與人體內的雌性素受體結合，干擾雌性素的訊息傳遞，使特殊蛋白質「kisspeptin」的分泌量異常，進而使女童第二性徵提早發育[3]。

危害④ 增加孕婦流產機率

一項針對一般女性進行的流行病學研究發現，流產婦女尿液中塑化劑鄰苯二甲酸二乙酯（DEP）、鄰苯二甲酸二異丁酯（DiBP）及鄰苯二甲酸二丁酯（DnBP）等塑化劑代謝物明顯較高；近期美國化學學會的研究也證實，塑化劑的確會增加孕婦流產機率，特別是孕期五到十三周時所發生的流產[4]。

危害⑤ 增加孩童呼吸道過敏機率

二〇〇四年瑞典一個聯合流行病學研究小組發現，居家的塑化劑濃度越高，孩童出現過敏（哮喘）的機率越大；二〇〇八年保加利亞一項針對患有哮喘和過敏兒童所做的研究，也發現這些孩童的房間灰塵中，塑化劑DEHP濃度較高[5]。

成功大學醫學院教授蘇慧貞所領導的研究團隊也發現，發現罹患過敏性鼻炎及氣喘的兒童尿液中，塑化劑BBzP、DEHP、DBP的代謝物濃度都明顯較高，顯示孩童吸收這些塑化劑的劑量確實具有一定的影響。研究團隊並進一步分析孩童尿液中的塑化劑濃度與過敏、發炎反應的關係，發現尿液中DBP與DEHP代謝物濃度較高的

不良裝潢和家具會讓你「吸入」塑化劑！

塑化劑種類多達百餘種，除了食品包裝，也廣泛用於醫療衛生用品、油漆水泥等產品中，可說是無所不在，再加上它容易受到溫度等外在環境因素影響而釋放到環境中，因此空氣中也可能含有不少塑化劑！

李俊璋教授的研究便發現，我們居家環境中的灰塵含有塑化劑，平均濃度高達 1.37 毫克，是美國的 4 倍，並且居全球之冠。環境中的塑化劑又以 DEHP 含量最多，占了所有塑化劑的 90% 以上；其中越接近地面的灰塵，塑化劑濃度越高，研判與木頭地板的防水層、亮光漆或地板蠟中所添加的塑化劑有關。

如果家中有成員在塑膠、橡膠、油漆、殺蟲劑或化粧品等工廠上班，家裡的 DEHP 濃度還會更高，最高可達一般家庭的 2 倍。由於塑化劑可透過飲食、呼吸及皮膚接觸等方式進入人體，因此家中若有成員要懷孕，一定要特別注意。

生活中常見塑化劑藏在這裡！

塑化劑	用途	毒性
DEHP	建築材料、食品包裝、醫療器材、玩具	•致癌、突變 •生殖毒性
DINP	建築材料、鞋底、玩具	•生殖毒性
DNOP	地板膠、聚乙烯磁磚、帆布	•生殖毒性
DIDP	膠鞋、地毯黏膠、電纜線、橡膠襯墊	•生殖毒性 •胚胎毒性
DBP	染料、乳膠黏合劑、食品包裝	•生殖毒性 •遺傳毒性
BBP	建築材料、人造皮革、汽車內飾、聚乙烯磁磚	•雌激素活性

孩童，血清中與過敏及發炎相關的細胞素（cytokine）濃度較高，顯示塑化劑可能會誘發體內發炎反應而引發過敏[6]。

危害⑥ 影響智力發展，使孩子變笨

哥倫比亞大學二〇一一年發表了一項歷時七年的追蹤研究，顯示懷孕婦女在孕期接觸的塑化劑越高，對孩子的智力、運動和行為發展的影響越大[7]。二〇一五年，台灣國家衛生研究院研究員王淑麗與國防醫學院公衛系助理教授黃翰斌的研究團隊在針對四百三十名孕婦和其寶寶追蹤十四年後也發現，二到十二歲的兒童暴露於環境中塑化劑濃度每增加一倍，智商成績就會降低一分，且暴露量最高的前二十五％孩童與暴露量最低的後二十五％孩童相較，兩者智商分數就差了四分[8]。

危害⑦ 增加孩童罹患過動症的機率

塑化劑會干擾內分泌，因此也和兒童注意力缺陷過動症（ADHD）、注意力不集中有關；二〇〇九年，韓國一項針對兩百六十一名八到十一歲過動兒的研究發現，其尿液中塑化劑代謝物的濃度越高，症狀就越明顯[9]。

危害⑧ 增加女性罹乳癌風險

塑化劑暴露還會增加乳癌風險。中研院陳建仁博士、國家衛生研究院及台大醫院合組的研究團隊，於二〇一四年發表一項經過二十年長時間追蹤一萬一千名個案的研究報告，證實接觸塑化劑劑量高、常接觸塑化劑產品的女性，罹患乳癌的風險將增加九成，塑化劑代謝緩慢者乳癌的機率甚至會提高至二・四倍！

除了干擾人體內分泌、影響生殖系統，塑化劑還具有基因毒性，會傷害人類基因，長期暴露對心血管、肝臟和泌尿系統有很大傷害[10]，甚至會透過基因遺傳給下一代。此外，值得關注的還有混合塑化劑的問題，例如不同類型的鄰苯二甲酸如果混合，即使兩種本身劑量尚不

美國塑膠工業協會塑膠材質分類

標誌	名稱	常見用途	特性	安全問題
1 PET	聚乙烯對苯二甲酸酯	寶特瓶、透明食用油罐	耐熱 60~85℃ 酸：○ 鹼：○ 酒：○ 油：○	不可長期使用，且遇熱或長期使用會釋放 DEHP 和雙酚 A
2 HDPE	高密度聚乙烯	半透明塑膠罐（如牛奶瓶）、不透明塑膠罐、厚塑膠袋	耐熱 90~110℃ 酸：○ 鹼：○ 酒：○ 油：○	安全，但不易徹底清洗，不應重複利用
3 PVC	聚氯乙烯	保鮮膜、薄塑膠袋、透明塑膠容器（如糕餅盒、蛋盒）	耐熱 60~80℃ 酸：○ 鹼：○ 酒：○ 油：○	過熱及長期使用可能會釋出致癌物鄰苯二甲酸二辛酯（DEHP），環保署已宣布逐步禁用
4 LDPE	低密度聚乙烯	薄塑膠袋	耐熱 70~90℃ 酸：○ 鹼：○ 酒：○ 油：○	過熱易產生致癌物質
5 PP	聚丙烯	果汁瓶、豆漿瓶、保鮮盒等	耐熱 100~130℃ 酸：○ 鹼：○ 酒：○ 油：○	耐酸鹼，在一般食品處理溫度下較為安全
6 PS	聚苯乙烯	非發泡：養樂多瓶、免洗餐具 發　泡：冰淇淋盒、泡麵碗、保麗龍	耐熱 70~90℃ 酸：○ 鹼：○ 酒：○ 油：╳	70℃會釋出苯乙烯，此物質是世界衛生組織（WHO）認定的致癌物
7 other	其他，包含：美耐皿、聚乳酸（PLA），聚碳酸酯（PC）	【美耐皿】餐具 【PLA】一次用飲料杯、沙拉盒、蛋盒等 【PC】嬰兒奶瓶、運動水壺等	【美耐皿】 耐熱 110~130℃ 酸：○ 鹼：○ 酒：○ 油：╳ 【PLA】 耐熱約 50℃ 酸：○ 鹼：○ 酒：○ 油：○ 【PC】 耐熱 120~130℃ 酸：○ 鹼：╳ 酒：○ 油：○	【美耐皿】會溶出三聚氰胺 【PLA】俗稱生質塑膠（Biomass Plastics），原料來源主要是玉米、小麥、馬鈴薯等植物，而非石油化合物，它可以在短期內被土壤中的微生物分解成 CO_2 和水，所以又被稱為環保塑膠，但本身其實不是塑膠，還算安全，但本身並不耐熱 【PC】遇熱會釋出雙酚 A

※ 酸性食物 (pH<5)，鹼性食物 (pH>10)

足以造成異常，但混合後卻會造成實驗大鼠出現尿道缺陷（尿道下裂）的現象，可見混合塑化劑的傷害力。然而飲食與環境中的塑化劑種類非常多，我個人就曾在檢測保健品時發現，同一原料中含有多種塑化劑，尤其是孕婦常常需要使用的DHA魚油含塑化劑問題最為嚴重。

而目前對於塑化劑並沒有訂定下架的標準，絕大部分廠商也因此不當一回事。一百個魚油廠商九十九個沒有檢測過魚油的塑化劑含量。由此可見累積人體內的塑化劑必然不只一種，混合後所造成的加乘傷害實在難以想像，所以千萬不可因為劑量少或急性毒性低，就輕忽塑化劑對人體的傷害。

你對預防「塑化劑」有多了解？

Q：所有塑膠製品都不能和食物接觸嗎？

塑膠分成很多種，並不是每種塑膠都需要添加塑化劑，理論上，還是有些塑膠食品容器、包裝是安全的。目前國內的塑膠製品分級採用的是「美國塑膠工業協會（Society of the Plastics Industry）塑膠材質分類」，這七大類的塑膠製品中，聚乙烯（PE）和聚丙烯（PP）因本身材質就軟，製作時不需要再添加塑化劑來使其柔軟，可算是安全的食品包材，但是實務上卻沒有那麼樂觀。二〇一一年三月二十八日食品安全管理論壇中，陽明大學環境與職業衛生研究所教授陳美蓮發表研究，她用一般常用的PET、PE、聚丙烯PP等八種材質，在溫度二十五℃下，以「正庚烷」（仿造油脂食物）為溶媒，模擬盛裝、包覆油性食物，結果全部都會溶出塑化劑DEHP。顯然很多廠商在不需要使用塑化劑時還是使用塑化劑來做為塑膠脫模、或者PP、PET回收時候混入聚氯乙烯（PVC）才會有此結果。

如何避免「塑化劑」傷害自己和寶寶？

我們都知道塑膠不能吃，但不知道的是，我們經常在不知不覺中吃下塑膠裡面的塑化劑。為什麼呢？因為塑化劑一旦遇到油、熱、酸，就會大量且快速地溶出，所以只要是曾與塑膠接觸過的食物，無論生食、熟食，冷食、熱食，都可能遭受塑化劑的污染，吃東西前請務必多加留意，才能避免吃到塑化劑。

請注意！這些食物都可能含有「塑化劑」

①外帶餐食

外帶餐食使用的食物容器或免洗餐具，不外乎塑膠、保麗龍和紙製材質 11，一旦與食物接觸就會溶出塑化劑，尤其是遇到熱、酸、油的食物時，溶出劑量更大。若無法避免外食，建議寧可在店內用餐，也不要用塑膠袋或免洗餐具裝食物回家。當然，店家所使用的餐具材質也要注意，以不鏽鋼或陶瓷餐碗較佳，有些店家因為懶得清洗餐盤，而把塑膠袋套在碗盤上來使用，這種狀況也要當心。

②塑膠瓶裝水＆飲料

如果瓶裝水剛出廠不久且放在室內陰涼處，一般來說是安全的，但事實上我們所購買的瓶裝水已經過運送、囤放，過程中難保沒有陽光曝曬或高溫環境而導致塑化劑溶出，所以還是少喝為妙；至於塑膠瓶裝飲料，除了上述因素外，還要考慮飲料的 pH 值，風險更大。

③不當包裝的漁獲、肉品

我們傳統市場購買漁獲、肉品等含油脂的食材時，小販大多會用塑膠袋包裝，而超市則是用保麗龍覆蓋保鮮膜包裝，然而不論是保鮮膜或塑膠袋，一旦接觸含油脂的食材，即使是常溫也會大量釋出塑化劑。因此建議上傳統市場時，最好自備幾個小保溫袋來「打包」，而超市則建議購買以 HDPE 材質包裝的冷凍產品，以降低塑化劑的危害。

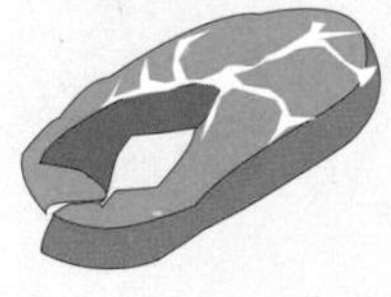

④用保鮮膜烹調或保存的食物

保鮮膜是一種快速、方便的保鮮工具，然而為了增加延展性及可塑性，製程中常添加大量塑化劑，一旦遇到高溫或接觸油脂食物，就會釋放出危害人體的有毒物質；目前市面上的保鮮膜粗略上可分為 PE、PVC、PVDC、PMP，其耐熱度及使用時機各有不同，不過無論哪一種，我認為都不該讓保鮮膜直接接觸到食物。

所以我仍希望想要好孕或避免寶寶被塑毒侵害的爸媽，還是少接觸塑膠製品，特別是食品包材和食物容器。最好能不用就不用。假如真的無法避免，也一定要避免用來盛裝太熱的食材，假如塑膠容器在加熱後變形，就表示塑膠已釋出大量的化學物質，當中盛裝的食物千萬不能吃。

寶特瓶裝的飲料也一樣，因為大多數寶特瓶採用的是一號塑膠「PET（聚乙烯對苯二甲酸酯）」，只要溫度超過攝氏四十℃就會釋出毒素。加上台灣氣候炎熱，購買之前寶特瓶很可能就已經因為環境過熱而釋出塑化劑，最好少碰為宜。

Q：無法避免使用塑膠製品時，該如何降低風險？

假如真的無法避免使用塑膠產品，至少應透過塑膠產品上的分類標誌來選擇；目前國內的塑膠製品採用美國塑膠工業協會的標準，共分七大類，詳見三十七頁表格。

好孕養胎最忌飲食汙染(二)汞

有機汞會聚積在胎兒腦部

其次，我們要來介紹第二毒的飲食毒素，那就是「汞」。汞在工業上使用的範圍非常廣泛，而生活用品，像是舊型的血壓計、體溫計、水銀電池、日光燈、除草劑、3C產品等也都含有汞。這些若沒有妥善處理含汞的廢水、廢氣、廢渣，不僅會造成環境、地下水、河川、海域的污染，還會被微生物代謝成有機汞（其最常見形態為甲基汞），再經由食物鏈累積在生物體內，一旦我們食用這些受污染的生物體，就等於間接攝入汞，可說是防不勝防。

有機汞對發育中的胎兒尤其危險，因為這類型的汞不僅會被很快吸收且無法有效排除，而毒性又很強，可以通過胎盤侵入胎兒，聚積在發育中的胎兒腦部，進而造成胎兒出生時出現類似腦性麻痺、痙攣或其他動作異常情形，對胎兒的健康有極大危害。令人擔心的是，一般孕婦、產婦為了補充孩子所需的DHA等營養素，孕期、產後往往會吃較多魚，殊不知大型魚正是受汞毒害最嚴重的食材，反而可能造成孕婦、胎兒受汞毒害更加嚴重。

二〇〇五年國內環保署公布的國人頭髮含汞量調查，卻發現多吃魚者（平均值是三・六八mg／kg）是不吃魚者（平均值〇・五五mg／kg）的六倍。香港大學發表的研究發現：香港的婦女多吃魚，生下的嬰兒頭髮中的汞的含量偏高。二〇〇七年七月紐約市市民營養調查發現：**有四分之一的紐約市成年人，血液中含有高量的水銀，這和他們吃多少魚有關。調查指出，富裕階層民眾血液的含水銀比例要比低收入階層高，而亞裔居民的比例也比較高，這是因為他們吃的魚比較多。**

汞是有毒金屬中毒性最強的一種，而且對孕婦、胎兒和幼童影響尤其顯著，只要有些許的暴露，就可能造成傷害。

危害① 傷害胎兒和嬰幼童的大腦和中樞神經系統

甲基汞主要會損害大腦皮質、中樞神經系統，特別是發育中的腦部，所以未出生的胎兒、嬰兒和幼童受汞毒的影響最大。甲基汞可隨血液透過胎盤侵入胎兒腦組織，也可以經由母體分泌至母乳後被寶寶攝取，進而聚積在腦部。研究也證實，胎兒對於甲基汞的傷害更為敏感[12]，在胎兒期接觸甲基汞的孩童，即使攝取量不大，還是會影響認知思維、記憶、注意力、語言以及運動和視覺空間技能，且出生時還可能有類似腦性麻痺、痙攣等異常情形，日後被發現罹患注意力不足過動症（ADHD）的機率也比較高。

危害② 導致胎兒畸形

甲基汞易溶於脂肪，故較易滲入細胞當中完全被吸收，而導致不可逆的傷害，包括再生細胞及細胞染色體上基因物質的損害，造成畸形產生；瑞典皇家科學院 Ambio 便發現，孕婦吃了含甲基汞的魚，容易生出畸形兒。

危害③ 引起女性不孕

二〇一六年國內最新研究發現，有機汞還可能導致女性不孕。這項研究蒐集二〇〇八至二〇一〇年三百一十名因不孕就醫的女性，在排除多囊性卵巢症候群等不孕因素後，檢驗分析血液中甲基汞濃度與吃魚習慣，結果發現每周吃魚三次以上者，血液甲基汞濃度超出安全值風險，較每周吃一次者高三・四二倍，且血液中甲基汞濃度平均七・七二 ppb，比一般孕婦平均五・一三 ppb 高五成，並超過美國建議的安全值五・八 ppb[13]。這項研究證實多吃魚累積甲基汞，恐不利女性懷孕。

汞的半衰期長達四十五年，人體無法有效排除，所以無論大人小孩都要小心，特別是潛藏在食物中的有機汞，人體對其吸收率高達九〇%以上，因此很容易在體內累積，進而引發各種慢性症狀和疾病，諸如記憶力減退、神經衰弱、不自主顫抖、慢性過敏，甚至自體免疫疾病（例如紅斑性狼瘡、多發性硬化症）、失智症、癌症等嚴重疾病。

你對防「汞」有多了解？

Q：懷孕一定要少吃魚嗎？

我們都知道吃魚有很多好處，魚類含有豐富的 DHA、Omega3 等營養是不可缺的，特別是對想懷孕的準爸媽或是胎兒。所以，重點不是「不吃魚」，而是「避免吃含汞魚類」，盡量選擇秋刀魚、鯖魚等小型海魚，或選擇經過檢驗的魚，就能降低中毒風險，無須因噎廢食（更完整的漁獲選購要訣，詳見九十四頁）。

如何避免「汞」傷害自己和寶寶？

汞會蓄積在生物體內，所以食物鏈中越後端的生物所含的汞含量越多，其汞含量可累積增加至原來的 10 萬倍，因此吃東西前一定要慎選，盡量避開容易蓄積大量汞毒的食物。

請注意！這些食物都可能含有「汞」

①水產品（尤其是大型魚類）

水生物對汞有很強的蓄積能力。試驗證明，當水中汞含量達 0.001~0.01mg/L 時，通過小球藻→水蚤→金魚的轉移濃縮，35 天後金魚體中汞的含量可為水的 800 倍；以此類推，水生物中屬於食物鏈後端的海洋大型魚類（如鯊魚、鮪魚等），體內蓄積的汞含量最高，最好少碰為妙。

②中藥

消基會檢驗中藥，幾乎每次都驗出汞。2016 年初公布的 2015 年檢驗結果，更驚見汞超標逾 30 倍，實在相當驚人！而且許多中藥不只含汞，還含有鉛等其他重金屬。即便我找尋無毒食材多年，但除了台灣自產的紅棗外，還不曾找到其他安全的中藥，所以我建議少吃中藥，特別是孕婦、哺乳婦女及 6 歲以下孩童，更是盡量要避免。

③魚翅

魚翅取自鯊魚鰭，而鯊魚正是容易蓄積汞毒的海洋大型魚類，因此也常被驗出含有大量的汞。國際保育團體 WildAid 便曾檢驗在台灣購買的魚翅，結果發現最高的汞含量高達 11.87PPM，遠遠超過日、美、歐盟，以及 WHO 的標準，所以不管是為了避免鯊魚滅絕，還是為了自身健康，我們都該拒吃魚翅。

④農作物（尤其是米）

根據國家環境保護汞污染防治工程技術中心資料顯示，農作物從土壤中吸收的汞，絕大部分會積累於根部，少部分進入莖與葉，進入籽粒則更少，其中一般糧食作物含汞量為稻穀＞高粱＞玉米＞小麥，所以食米最好不要隨便買，應注意產地、檢驗，以確保安全。

小心！「汞齊補牙」也會讓你慢性汞中毒！

除了食物中的汞，還有一種狀況可能會讓人吃到汞，那就是用「汞齊」補牙。

健保規範限制補牙所使用的材料有汞齊和樹脂，由於樹脂價位較高，所以樹脂治療容易在審查時被刪除，因此若患者沒有特別要求，有些牙醫師會直接使用汞齊幫你補牙。

所謂的汞齊，其實就是一種汞合金，其中的汞含量高達50%，它對人體的影響目前仍有爭論。雖然美國牙醫協會（ADA）至今仍宣稱汞齊是相當安全的補牙材料。但因為汞對胎兒的影響實在是重大且久遠，所以英、法、德、加拿大、澳洲已禁止孕婦、哺乳婦女及6歲以下孩童使用汞齊補牙，挪威、瑞典更是下令全面禁用。因此基於安全考量，我建議至少孕婦和有生育打算的女性，都應該避免用汞齊補牙。

好孕養胎最忌飲食汙染㈢鉛

孕婦吸收的鉛90%會傳給胎兒

第三個必防的飲食毒素是「鉛」。鉛與汞同樣都是有毒的重金屬，進入食物鏈的模式與汞相似，容易受其污染的食材也相近，如大型海魚、中藥等，都常可驗出過量的鉛。此外，對台灣民眾來說，還要小心每天喝的水，因為鉛元素與水長期接觸後會析出，全台有長達數萬公里的老舊鉛水管，至少有三．六萬戶仍使用老舊鉛管供應食水，再加上有些民宅、大廈等供水系統會使用含鉛水龍頭等情況，所以我們飲用的自來水，很可能是被污染過的「鉛水」。假如再加上其他飲食，以及透過呼吸道吸入的鉛，生活中潛藏的鉛毒危機實在是不容小覷。

鉛進入人體後，在軟組織與血液的半衰期雖然只有三十天，但它不易排除，因為身體會將鉛離子集中隔離、累積於骨骼中[14]，一旦鉛進入骨骼後，半衰期將延長至二十年以上。假如發生在女性身上，懷孕時累積在骨骼中的鉛便會釋入血液，並通過胎盤進入胎兒體內，因此對未來有生育打算的女性來說，想避免孩子受到鉛的毒害，即刻起就得小心鉛毒，同時在懷孕前，最好到醫院進行血微量元素檢測，確定身體內鉛含量的指標合格後再懷孕。

此外，孕婦和胎兒對鉛的吸收率比一般人更高，孕期防毒也相當重要。舉例來說，同樣程度鉛污染的食物，一般成人吃了之後大約會吸收十至十五%的鉛，但孕婦卻可吸收高達五○%，而胎盤對血液中的鉛也毫無屏障作用，所以孕婦體內九○%的鉛會通過胎盤給胎兒，進而導致胎兒的先天性鉛中毒。

由於鉛會累積在身體，毒性會影響人體內所有的器官和系統，成人及孩童皆然，而且因為可通過胎盤，因此對打算懷孕的女性、胎兒和幼童更加危險。

危害① 造成男女不孕

林口長庚醫院臨床毒物科前主任林杰樑生前參與的最後一篇生殖毒害研究，證實男性不孕與重金屬鉛有關，精液中的鉛濃度越高，精蟲數就越少。事實上，鉛對生殖系統是直接毒性，許多動物研究皆證實，鉛濃度過高會使生育力和生殖受損。二○一三年高雄醫學大學針對「血鉛值與不孕症」的研究結果也顯示，不孕症婦女平均血中鉛值（三‧五五μg／dL）顯著高於具正常生育能力之婦女（二‧七八μg／dL），再再證明當血鉛濃度微幅升高，對女性卵子或男性精蟲的數量與品質，都會引發負面影響。

危害② 流產、早產、死胎

鉛對生殖系統有直接毒性，而且還會干擾血紅素生成的酵素引發貧血，讓身體累積過多的血紅素前驅物，所以女性在懷孕時對鉛特別敏感，暴露於鉛可能引起流產、早產甚至死胎。

危害③ 影響胎兒、嬰幼兒腦部發育，影響智商、造成行為偏差

對人體細胞來說，鉛離子的特性和鈣離子、鋅離子相似，很容易讓鉛離子進入細胞，因此鉛離子會無視血腦屏障直接進到大腦組織之中[15]。胎兒時期，即使只有微量的鉛，都會對胚胎腦神經造成影響，進而影響大腦發育[16]。

國外已有許多研究證實，在胚胎懷孕時期，鉛暴露會造成胎兒及產後小孩發育較差，心智發育與神經行為發展也較差的現象。二〇一五年台大醫院的追蹤研究也顯示，臍帶血血鉛偏高新生兒，兩歲時的認知表現明顯較差，而且比較無法正確表達自己的意思。

對大腦尚在發育的孩童來說，鉛的影響一樣很大。近年發表在《新英格蘭醫學期刊》的研究也顯示，兒童血鉛從一μg／dL升到十μg／dL，智商會降低七・二分。美國疾管局更推論，兒童因鉛受損的智商每下降一分，未來生產力等成就貢獻，就下降二%，相當驚人。

高雄醫學院也曾調查九百多名學童的血鉛濃度，發現學童血中鉛濃度越高則學業表現越不好，尤其在語文及社會學科最明顯，平均血中鉛上升三μg／dL，成績就會退後一名。嚴重的是，鉛對腦神經的影響不只有智商及認知能力，也與行為偏差或暴力、過動、注意力不集中問題、青少年犯罪與逃學等有關，值得我們重視。

不良的嬰幼兒玩具也可能含鉛！

要提醒的是，嬰幼兒玩具中也可能含鉛。2008年美國便有600萬件玩具因為含鉛過高而被回收。由於嬰幼兒常喜歡把玩具或隨手可得的東西放入嘴裡吸吮啃咬，如此一來便會吃進大量的鉛，因此購買嬰幼兒玩具或用品時，一定要慎選合格產品才行。

如何避免「鉛」傷害自己和寶寶？

鉛可以透過飲食、呼吸或皮膚接觸吸收而進入人體，但正常狀況下又以飲食為主要管道，因此慎防「鉛從口入」，每一個人都應該認真執行。

前請注意！這些食物都可能含有「鉛」

①水

對台灣民眾來說，日常飲食中最立即該處理的是每天都要喝的水，也就是自來水中的鉛。雖然目前淨水廠供水被檢驗出的鉛含量（2015 年 0.25-7.76 μg/L），的確低於世界衛生組織規定的 10 μg 標準，但人體的血鉛濃度越低越好，最好是零，所以不管是水還是其他食物都不應含鉛。有鑑於此，我們就必須自力救濟，例如清晨或假日後的第一道自來水，含鉛量最高，最好打開放掉一些再使用；或是自行安裝逆滲透淨水設備，以確保家中用水安全（淨水設備的挑選方式，請見 P.100）。

②中藥

《整體環境科學（Science of the Total Environment）》的研究發現，食用中藥的婦女，其母乳的含鉛量明顯比沒有吃中藥的母親更高，因此測量這些孕婦常吃的當歸、紅棗、枸杞、四物湯，結果所有的樣本都含鉛，其中四物湯的鉛含量更高達 322.31 μg/L。台灣消基會每年的中藥檢驗也一樣，年年都會檢出鉛和汞，而常用來治療小兒驚悸及解熱的八寶散、驚風散也常被檢出含有超標的鉛；由於無毒的安全中藥難尋，因此唯一的防範之道就是「不要吃」，特別是孕婦、哺乳婦女及 6 歲以下孩童，更是一定要避免。

③罐頭食物

有些罐頭常用的馬口鐵含有微量的鉛，而且有些罐頭在製造時也可能使用鉛焊接，由於罐頭食品之所以能長期保存，主要依賴於真空、密封和殺菌，因此在經過高溫消毒時（尤其是裝酸性食物），鉛便會溶出於食物當中。

④皮蛋

皮蛋是一種特殊的蛋加工品，通常以鴨蛋為原料，並透過浸漬鹼性浸漬液，來使蛋白凝膠轉為透明，讓口感更為 Q 彈。然而部分業者，為了避免凝結好的蛋白再液化，往往會在浸漬液中添加少許鉛、銅等重金屬以提高安定度，因此也是高含鉛風險的食物。

好孕養胎最忌飲食汙染(四)農藥

台灣農藥使用密度高居亞洲之冠

多吃蔬果有益健康，但前提是你吃的必須是「安全的蔬果」才行；根據台灣歷年來發表過的檢測報告，我們可以發現國內蔬果有相當嚴重的農藥殘留問題。

中國醫藥學院環境醫學研究所，曾針對國內九十件食用米、六百四十四件蔬菜及兩百二十八件水果等九百六十二件樣品進行檢驗分析，結果發現蔬菜的農藥檢出率有四十五％，其中超過容許量的有十一・八％；而水果的農藥檢出率則為二十六・三％，其中超標的有一・三％。

此外，主婦聯盟環境保護基金會，也曾在二〇一一年送驗十二樣火鍋菜，結果發現竟有高達十一件蔬菜有農藥殘留，而且其中兩件還含有不得檢出的禁藥；同年綠色和平組織進一步抽驗國內六大超市的生鮮蔬果，結果在四十三項蔬果中，就驗出了三十六種不同農藥殘留，檢出率高達七成四，農藥殘留情形相當嚴重。

我曾深入食材來源地了解食材的養殖或捕獲過程，意外發現，有些農夫每隔五到七天就施藥一次，台灣農藥的使用密度幾乎為日本的兩倍、韓國的三倍、美國五倍，高居亞洲之冠，而且還有使用「農藥雞尾酒」的習慣。

所謂農藥雞尾酒，指的是農夫一次至少混合使用四種農藥，就像調製「雞尾酒一般」。可怕的是，混合的農藥毒性並非單純相加，而是可能倍數成長；也就是說，如果使用四種農藥，毒性至少增加四倍以上，同時當中如果有含致癌物與會引發生殖發育病變的農藥，混合後的毒性甚至高過單獨使用！

雖然衛生福利部食品藥物管理署在二〇一六年發布修正「農藥殘留容許量標準」，修訂五十九種農藥在三百七十六種蔬果以及穀類的農產品殘留容許量。然而站在醫師立場，我必須提醒大家，合法劑量並不代表安全，低劑量長時間攝取一樣會導致慢性中毒，特別是許多農藥具有胚胎毒性，即使微量，對孕婦、胎兒和嬰幼兒也有極大風險。而且有許多農友鑽法規漏洞，同時使用一、二十種農藥，每種都不超過法規限制，但是對於害蟲和人的毒性都增加，建議政府要建立農藥的毒性當量制度，避免混毒變合法的怪象。

危害① 導致男性不孕

二〇一一年歐盟研究發現，許多農藥具生殖毒性，長期接觸農藥使精子數量減少，活性降低，損害男性生育能力。

家用殺蟲劑會使孩童罹患白血病的風險倍增！

很多人可能不知道，居家使用的殺蟲劑也是一種農藥！1981年，美國加州特拉維斯空軍基地大衛格高醫學中心就發現，含有機磷的家用噴霧式殺蟲劑，可能引起幼兒嚴重的血液病，如再生不能性貧血、急性淋巴芽細胞性白血病等。

2006年梅納戈（Menegaux）研究顯示，懷孕期間暴露於有機氯、合成除蟲菊精、有機磷等任一種家庭殺蟲劑，出生的孩子罹患兒童白血病的風險至少多2倍，而孩童若使用這類藥物除頭蝨，得到急性白血病的機率也會呈倍數增加。所以即使家庭用殺蟲劑強調毒性低，安全性高，我認為最好還是少用，尤其是有孕婦或嬰幼兒的家庭，以免造成無法挽回的遺憾。

危害② 導致胎兒畸形

農藥還被發現具有胚胎毒性，特別是在胚胎發育過程中的器官形成期（受孕後的第十五至六十天，人體所有器官幾乎都在這期間形成），對農藥最為敏感，即使些微劑量也可能導致畸胎，所以孕婦一定要小心農藥。

危害③ 影響孩童腦神經發育，降低學習能力和短期記憶

農藥會對神經系統造成不可復原的傷害，因此對腦神經正在發育的胎兒和嬰幼兒有嚴重影響。因為農藥不僅可透過母體影響胎兒，還能通過母乳輸送給嬰幼兒。

一項針對二至五歲兒童的研究結果顯示[17]，與生活在遠離農藥地區的孩子相比，生活在使用大量有機磷或其他農藥農田周邊城鎮的孩子，學習能力相對較低，短期記憶能力也較差，特別是有機磷農藥，對兒童神經系統的影響最嚴重。

危害④ 提高過動症的罹患率

農藥對胎兒和嬰幼兒神經系統的傷害，除了影響學習能力，還會提高罹患過動症和自閉症的機率。二〇一〇年五月，哈佛公共衛生學院環境衛生和流行病學副教授Marc C. Weisskopf博士，自一千一百三十九名八到十五歲美國孩童的抽樣研究發現，尿液中農藥代謝物高於平均值的孩童，罹患ADHD（注意力不集中過動症）的人數，是尿液中沒有農藥代謝物孩童的兩倍，即使暴露在低量的一般性的農藥中，孩子罹患過動症的比率也會有明顯提高。

國內的研究也有同樣的結果。二〇一一年陽明大學環境與職業衛生研究所陳美蓮教授與醫院的兒童青少年心理衛生門診專科醫師合作，發現北投地區兒童九十八％尿中有農藥而體內機磷農藥代謝物較高者，罹患過動症ADHD比例是較低者近三倍，而且農藥

如何避免「農藥」傷害自己和寶寶？

農藥是防治農作物病害、蟲害、草害、鼠害和調節植物生長、催芽助長的藥劑，因此只要是農作物，就可能會有農藥殘留風險，其中最容易出現超量農藥殘留的食物有：

請注意！這些食物都可能含有「農藥」

①蔬果

蔬果容易有農藥殘留，對消費者來說早已不是新聞。根據衛福部食藥署每月公布的市售農產品殘留農藥監測檢驗結果，每次仍有超過10％的生鮮蔬果檢測出過量的農藥殘留，甚至出現不可檢出的農藥品項，而且販售地點從一般蔬果商店、傳統市場、餐廳、農會以及大型超市、量販店等，幾乎各種通路無一倖免。

然而，研究發現，蔬果攝取不足是慢性疾病的重要成因，對身體健康十分重要，因此想要降低蔬果的農藥風險，首先就是避免選購容易有農藥殘留的品項（詳見 P.93）。同時建議以流動清水洗 15 分鐘後，再以軟毛刷清洗。至於其他清洗方法，如鹽、蔬果洗潔劑等，其實並沒有效果，因此並不建議。倒是根據 1984 國內的廖先生碩士論文指出，國內農藥如有機磷等超過 75％都是酸性，在小蘇打水的浸泡下不穩定，容易脫附而被洗除。

②藥

2015 年消基會公布市售中藥材檢驗，50 件中有 21 件驗出農藥殘留，其中並且含有依規定不得檢出的歐蟎多、得克利等農藥；然而中藥的農藥問題並不只有如此，因為台灣的中藥材有 9 成 5 來進口自中國，而依據規定，中藥進口時只需抽驗 52 項農藥，相較於進口蔬果必須抽驗 305 項農藥，檢驗實在過於寬鬆。

事實上，2013 年綠色和平組織東亞分部抽驗中國北京、天津、香港等城市的 9 家知名中藥行的中藥材發現，49％含有 3 種（或以上）農藥殘留，其中同仁堂三七花檢出的「甲基多保淨」，與歐盟的農藥殘留標準相比超標 500 倍之多，換言之，中藥的農藥殘留，絕對比蔬果更嚴重。

③茶

茶和蔬果一樣容易有農藥殘留問題，而且研究發現，茶即使到第七泡仍會有農藥殘留，因此買茶最好選擇通過農藥檢測的產品，才可真正喝的安心。假如無法確定是否通過農藥檢測，至少退而求其次避開高風險的高山烏龍茶、花茶，選擇必須經由小綠葉茶蟲叮咬的東方美人茶或蜜香茶（貴妃茶），比較安全。

代謝物DMP的平均值高達二十五・四μg／g（微克／克），明顯高於其他先進國家[18]。

危害⑤ 提高自閉症的罹患率

二〇一四年美國加州大學一項研究發現，懷孕期間居住在使用農藥的農場附近，孩子罹患自閉症的風險會增加三分之二，特別是在第二或第三孕期（各為十四至二十八周、二十八至四十二周）暴露於農藥環境中，孩子罹患自閉症的比率最高，由此推判胎兒大腦發育時，可能特別容易受到農藥影響[19]。

好孕養胎最忌飲食汙染(五) 食品添加物

台灣人每天吃下的食品添加物相當可觀

在台灣飲食的另一大隱憂就是食品添加物。一般來說，加工食品大都含有食品添加物，例如糖果、汽水、餅乾、泡麵等，然而這些東西並不是台灣才有，為什麼我們該特別注意呢？首先是台灣人的外食比率高，高達八〇％的人口，每周五天以上都外食，有些食物看似「天然」，其實含了一堆食品添加物，例如：

★**麵包、饅頭、包子**：可能會加乳化劑、品質改良劑、膨鬆劑、香料。

★**便宜黑輪**：成分可能根本不是魚漿，而是卡德蘭膠。

★**米粉**：製程中加黏稠劑增加黏性，可能為了壓低成本而使用玉米澱粉。

★**油麵、涼麵**：為了讓麵條又Q又防腐，可能會加硼砂。

★**火鍋店的湯頭**：化學香料「泡」出來的。

★**豆類製品**（豆漿、豆腐、豆乾、素雞、豆干絲）：為了能在室溫下賣一整天不會壞而加防腐劑、漂白劑、二甲基黃。

常見食品添加物風險速查表

類別	目的作用	常見品名	食物品項	過量副作用 & 危害
防腐劑	抑制細菌、微生物生長	苯甲酸、己二烯酸	醬菜類、果醬、糕餅、魚肉煉製品等	腹痛、腹瀉、嘔吐，或危害人體肝腎及神經系統
		去水醋酸	乾酪、乳酪、奶油、人造奶油等	大劑量會損傷腎功能、具致畸胎性
抗氧化劑	防止油脂腐敗，避免臭油味	二丁基羥基甲苯（BHT）丁基羥基甲氧苯（BHA）	冷凍魚貝類、口香糖、泡泡糖、脫水馬鈴薯片、乾燥穀類早餐等	動物實驗長期使用恐增致癌風險
甜味劑	有助於甜味發揮	天然甜味劑：甜菊、甘草素等	各類食品視需要適量使用，不得用於代糖錠劑及粉末。常用於調味醬油及酸梅等食物	低血鉀、高血壓、水腫
		人工甜味劑：阿斯巴甜、硫磺內醋鉀（ACE-K）、糖精、糖醇類等	蜜餞、瓜子、梅粉、碳酸飲料、醬油、口香糖、代糖糖包等	阿斯巴甜可能會引起眩暈、頭痛、癲癇、月經不順以及損害嬰兒的代謝作用；糖精則是有動物試驗顯示會致膀胱癌
保色劑	食物增豔不腐壞	硝酸鹽、亞硝酸鹽	香腸、火腿、臘肉、培根、魚乾等	易與食品中的胺結合成致癌物「亞硝酸胺鹽」
著色劑（人工色素）	食物色澤鮮豔、增加賣相	食用紅色6號、7號或藍色1號、2號、黃色、綠色、β胡蘿蔔、焦糖色素等	糖果、餅乾、蜜餞、果汁、飲料、可樂、醬油等	食用黃色4號本身毒性強，有致癌性的隱憂，會引起蕁麻疹、氣喘、過敏及幼童過動。焦糖色素加工會產生4-甲基咪唑（4-MEI）衍生物，老鼠大量長期食用恐引發肝腎及淋巴癌症機率，人體致癌未有定論
膨鬆劑	增加食物空隙，使口感鬆酥	鉀明礬、鈉明礬、氯化銨、酵母粉及合成膨鬆劑（俗稱發粉）等	油條、包子、麵包、蛋糕等	膨鬆劑若含鋁，有健康疑慮
漂白劑	防止食物變色	亞硫酸鹽類	蜜餞、脫水蔬果、金針、洋菇、白木耳、蝦、冰糖、澱粉等	恐引起蕁麻疹、氣喘、腹瀉、嘔吐，亦有氣喘患者致死案例
調味劑	改善或增加食品味道與鮮味	檸檬酸、醋酸、乳酸、葡萄糖酸鈉、氯化鉀、味精、琥珀酸等	醬菜、飲料、糖果、釀造品、加工肉類等	味精過敏易致頭痛、上肢麻痺、全身疲倦等暫時性症狀

換句話說，即使你不常吃糖果餅乾等零食，但只要你有外食習慣，那麼在無法管控食材的情況下，每天所吃下的食品添加物絕對相當可觀。目前已有許多合法的食品添加物，陸續出現安全上的疑慮，對母體和胎兒更是無法評估的風險。

危害① 誘發畸胎風險

例如防腐劑「去水醋酸鈉（CH3COONa）」，孕婦攝取過多就會有誘發畸胎性的風險，此外動物實驗還顯示，即使是一般小劑量的慢性中毒，亦可能會降低血色素，增加肝病變及細胞染色體毒性致突變作用的機率。

由於安全疑慮較高，一般規定去水醋酸鈉只能限量使用於乾酪、乳酪、奶油及人造奶油中，然而去水醋酸鈉不僅可以使產品保存更久，還能提升口感，使其變得更Q更蓬鬆，又不會影響食物本身的風味，因此常被業者違法濫用，尤其是麵包、粉圓、麵條、饅頭、湯圓、芋圓、年糕、發糕、米苔目等食品。

危害② 損害嬰兒代謝作用

甜味劑「阿斯巴甜」大家應該不陌生吧！雖然美國FDA描述它是「研究最徹底的食品添加劑之一」，其安全性「毋庸置疑」，連歐盟食品安全局（EFSA）也為阿斯巴甜出具「安全證明」，但事實上卻有九成的獨立研究質疑，阿斯巴甜可能會造成癌症、不孕、過動症、帕金森氏症、阿茲海默症等疾病，而且會損害嬰兒代謝作用，進而影響嬰兒智力發展和器官發育。而歐盟通過阿斯巴甜所根據的三篇主要報告都是由廠商贊助進行的，大家猜猜看其中有沒有一些內情。

危害③ 影響孕期鈣質吸收

兼具保水、防腐、增Q、安定等多重功能的磷酸鹽類的食品添加物，廣泛被運用在各種加工食品中，以一天中可能食用的食品為例，

如何避免「食品添加物」傷害自己和寶寶？

想降低食品添加物對健康的影響，重點不在禁絕含有食品添加物的食物，而是學會如何挑選，避免含有大量添加物或危險添加物的食物。

請注意！這些食物都可能含有「農藥」

①避免深度加工食品→選擇看得到原形、吃得到原味的食物

大部分的加工食品在製造過程中都會使用食品添加物，所以想減少食品添加物的攝取，最簡單的方法就是少吃加工食品。尤其是看不出原料也吃不出原味的深度加工食品，盡量選擇看得到原形、吃得到原味的食物。舉例來說，各式各樣的零食，如糖果、飲料、餅乾等，就屬於看不出原料也吃不出原味的深度加工食品；而所謂原形、原味，指的是食物本來的原貌和味道，例如花生是原形，但花生醬、花生粉雖吃得到原味，但卻不是原形，雖然原形食物也未必完全不含添加物，但風險確實會少很多。

②看「食品標示」挑選→添加物數量、含量越少越好

衛生署規定包裝食品必須附有「食品標示」，而標示項目也包含食品添加物，所以看懂食品標示的玄機，對減少食品添加物也有幫助。首先是「添加物的數量」，一般來說，標示越多，添加物越多；其次是「添加物的比例」，因為合格的食品標示是依含量多寡「由高至低」列出，而且食品添加物不必單獨標示，通常會和食物原料一起列出，所以只要看食品標示，就可以知道食品添加物的含量比例。

特別注意的是，目前台灣的食品添加物，部分可以「合併標示」，像是：調味劑（不含甜味劑、咖啡因）、乳化劑、膨脹劑、酵素 1、豆腐用凝固劑 2、光澤劑 3，而香料只需區分香料和天然香料；也就是說，即使某項食品添加 50 種調味劑，但食品標示時，依然只需要標示「調味劑」三個字即可，所以如有這類食品添加標示的食品，應該要特別注意。

③避開化學合成添加物→以「奶奶的廚房」進行判斷

食品添加物可分為兩大類：一種是從自然界的植物、海藻、昆蟲、細菌、礦物當中抽取出特殊成分而製成的「天然添加物」，另一種則以萃取的方式，從大自然的農畜水產品等食物中提取其中的甜味、色素及香氣，甚至是利用化工技術，為了特定需要而研發出的「化學合成添加物」，後者正是我們應極力避免，盡量別去攝取的添加物。

不過，合法的食品添加物至少有 1500 種，我們不可能認識每一種添加物，這時該怎麼辦呢？最簡單的判斷方法就是看「奶奶的廚房有沒有」。例如奶奶廚房中可以看到的糖、鹽、紅麴，以及發酵味噌、釀造醬油和天然辛香料（八角、辣椒、花椒等），這類就屬於天然添加物，而現代廚房常見的雞湯（高湯）塊，或是產品標示有香料、糖精、抗氧化劑、保色劑等成分的產品，就含有化學合成添加物，最好少碰為妙。

早餐的奶茶、麵包，午餐和晚餐的肉、麵條、海鮮、貢丸等都可能添加了磷酸鹽。磷酸鹽本身並無強烈毒性，但過量攝取，對健康的影響依舊不容忽視。

研究顯示，過多磷酸鹽使人體內的磷超出正常範圍，造成鈣的恆定失調，引發骨質疏鬆、腎結石等疾病，因此對於必須供給胎兒成長所需鈣質的孕婦來說，攝取太多含磷酸鹽的飲食，會阻礙鈣質吸收，對母體和胎兒都有影響。

危害④引發孩童注意力不集中及過動

早在二〇〇七年，英國學者McCann D教授的研究就發現，食品添加物會引起孩童的過動及注意力不集中。這項研究準備了三種飲料供孩童飲用：一是安慰劑，二是含有苯甲酸鹽防腐劑及人工色素黃色4號、5號的飲料，三是含有苯甲酸鹽防腐劑及人工色素紅色6號、44號的飲料，結果顯示飲用苯甲酸鹽及人工色素的孩童，只要一星期就會出現注意力不集中、學習障礙甚至過動的情況。

危害⑤致癌風險

許多食品添加物還有致癌風險，例如可讓食物色澤艷麗的「亞硝酸鈉」，與加工食物所含的胺結合便可能轉化為致癌物「亞硝胺」，其他像是「紅102」、「黃4」等煤焦油色素也被懷疑具致癌性。「OPP（鄰苯基苯酚）」、「OPP-Na（鄰苯基苯酚鈉）」等防霉劑則已證實具致癌性。

由於化學合成的食品添加物是自然界不存在的東西，在人體中無法被消化、分解，只能原封不動地被腸道吸收，成為進入血管裡的「異物」並不斷在人體內循環，因此不僅會危害孕婦和胎兒健康，對一般人也有影響，常見的副作用和可能危害有：腹痛、腹瀉、嘔吐、眩暈、頭痛、月經不順、危害人體肝腎及神經系統等（詳見五十三頁表格），所以請盡量不要攝取這些化學合成物質，才能避免它們所帶來的可能傷害。也不要誇大人類的解毒能力，我們使用反式脂肪超過一百年，也沒有產生解毒能力，所以反式脂肪到現在還在人體造成脂肪肝、血管硬化、代謝症候群等毒性。

1. 塑化劑暴露影響男性成人睪丸功能《國際人類生殖期刊》。
2. Janet Pelley 2008《ACS journal Environmental Science & Technology》Plasticizer may make boys less masculine.
3. 李俊璋 2015,5《Human Reproduction（人類生殖）》。
4. 美國化學學會環境科學與技術期刊《ACS journal Environmental Science & Technology》。
5. Kolarik B, Bornehag C, Naydenov K, Sundell J, Stavova P, Nielsen O. The concentration of phthalates in settled dust in Bulgarian homes in relation to building characteristic and cleaning habits in the family. Atmospheric Environment. December 2008, 42（37）: 8553–9. doi:10.1016/j.atmosenv.2008.08.028.
6. 2011 國科會自然處永續發展整合研究成果發表會。
7. Environmental Health Perspectives, 2011。
8. 2016 美國公共科學圖書館所收錄之 PLoS ONE 期刊。
9. Bung-Nyun Kim等人November 15, 2009《Biological Psychiatry》(Vol. 66, Issue 10, pp. 958-963, doi:10.1016/j.biopsych.2009.07.034).
10. 《Genomics（基因組學）》。
11. 有些人以為紙杯、紙碗、紙餐盒等紙製餐具很安全，事實上紙餐具內壁還是有一層塑膠（PE、PVC）淋膜紙，所以接觸食物一樣會溶出塑化劑。
12. WHO, 1990; U.S.EPA.
13. 2016,5《臭氧層》。
14. Amaya MA, Jolly KW, Pingitore NE, Jr. Blood lead in the 21st Century: The sub-microgram challenge. Journal of blood medicine. 2010;1:71-78.
15. Theodore I. Lidsky, Jay S. Schneider（2003）Lead neurotoxicity in children: basic mechanisms and clinical correlates. Brain, DOI: http:\\dx.doi.org\10.1093\brain\awg014
16. Gagan FLORA, Deepesh GUPTA, Archana TIWARI（2012）Toxicity of lead: A review with recent updates. Interdisciplinary Toxicology. 5, 47-58.
17. VOLUME 115 | NUMBER 5 | May 2007 . Environmental Health Perspectives.
18. 《ANDROLOGY（男性學）》2016,2。
19. 環境健康展望期刊《Environmental Health Perspectives》。

所謂的毒害，不一定是從嘴裡吃進去的，很多我們肉眼看不到、聞不到的毒素，更是經常危害著我們的健康。準爸媽們，想要一個健康寶寶，好好打造一個無毒的生活環境，是好孕、養胎必要功課！

好孕養胎最忌環境汙染（一）懸浮微粒

全台各城市的PM2.5濃度全超標

懸浮微粒（Particulate matter，簡稱PM），是漂浮在空氣中類似灰塵的粒狀物，這些小顆粒只要直徑小於十微米（簡稱PM10）就可進入呼吸道或肺部，而直徑小於二・五微米（簡稱PM2.5）的粒子，則是連肺部纖毛都無法攔阻與排除，因此能長驅直入到支氣管末端的肺泡，再進入血液循環系統中影響全身器官。可怕的是，我們每次呼吸就會吸入數以百計的懸浮微粒，而PM2.5懸浮微粒又可以負載重金屬、戴奧辛以及病菌等有毒成分，對人體的傷害實在不容小覷。

無奈的是，許多研究皆指出，台灣PM2.5汙染確實相當嚴重。根據WHO蒐集全球近六百個城市（不含中國城市）的懸浮微粒濃度調查，與台灣環保署資料進行交叉比對後發現，與經濟合作與發展組織（OECD）的三十六個國家相較，台灣的懸浮微粒（PM10）濃度高居第二，而在六百個城市中，嘉義、高雄和金門的細懸浮微粒

（PM2.5）濃度亦名列前十名，而且全台各城市的PM2.5濃度（年平均值），與WHO所提出的健康標準[1]相比，全部通通超標，也難怪國人呼吸道過敏、氣喘的比例年年增加，而肺癌不僅是台灣近年成長速度最快的癌症，還取代肝癌成為癌症第一大殺手。

PM2.5 的微粒直徑大約只有人類一根頭髮的 1/28

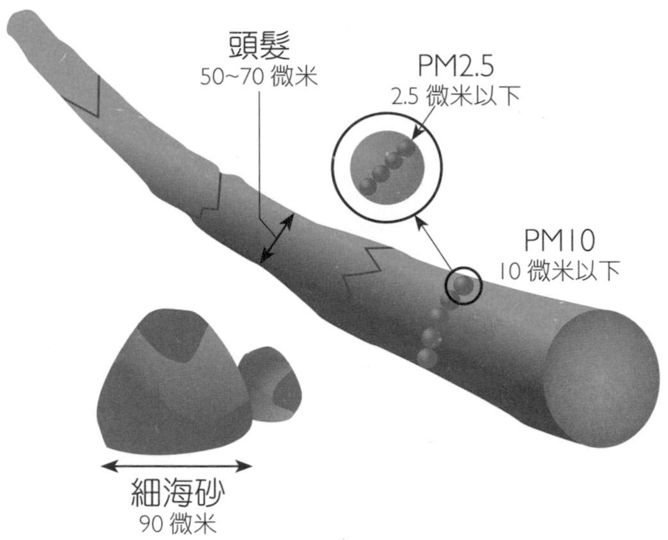

由於PM2.5懸浮微粒可以負載有毒物質，並且能透過血液循環至全身各部位，所以對人體健康的危害並不只限於呼吸道。

危害① 提高早產機會、造成新生兒出生體重下降

澳洲布里斯班昆士蘭大學C. Hansen博士一項為期三年、共計兩萬八千兩百名新生兒產期的研究發現，孕期的前三個月，只要暴露在PM10懸浮微粒下，早產機會將增加十五%；二〇一五年九月科學期刊研究[2]也指出，孕婦若吸入PM2.5懸浮微粒，會影響胎兒體重，使新生兒的出生體重下降，估計可能是懸浮微粒導致孕婦血液中供給胎兒的氧含量和營養不足所致。

危害② 誘發兒童氣喘、呼吸道過敏

懸浮微粒透過呼吸進入人體，首當其衝的器官自然是呼吸道和肺部，除了引起咳嗽、

各國城市 PM2.5 濃度比較

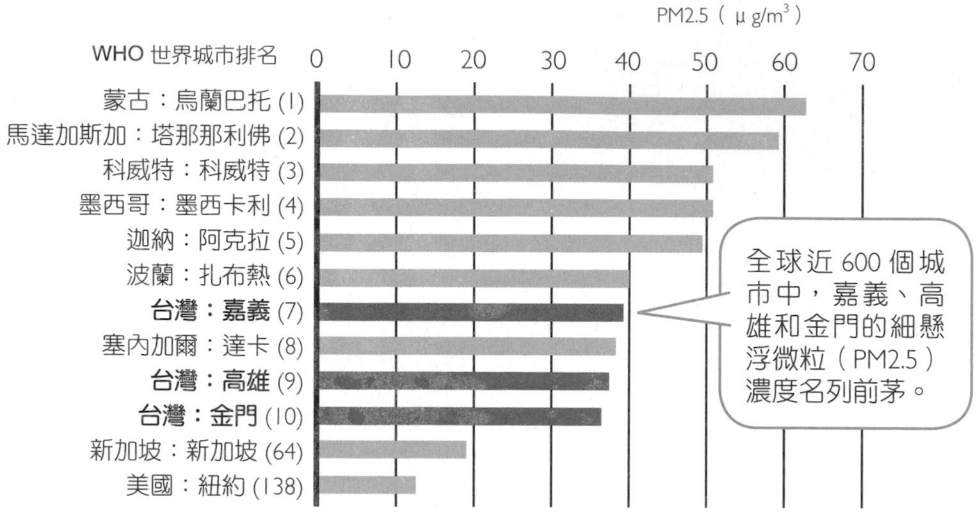
PM2.5（μg/m³）
WHO 世界城市排名
0
10
20
30
40
50
60
70
蒙古：烏蘭巴托 (1)
馬達加斯加：塔那那利佛 (2)
科威特：科威特 (3)
墨西哥：墨西卡利 (4)
迦納：阿克拉 (5)
波蘭：扎布熱 (6)
台灣：嘉義 (7)
塞內加爾：達卡 (8)
台灣：高雄 (9)
台灣：金門 (10)
新加坡：新加坡 (64)
美國：紐約 (138)
全球近 600 個城市中，嘉義、高雄和金門的細懸浮微粒（PM2.5）濃度名列前茅。

各國 PM10 濃度比較

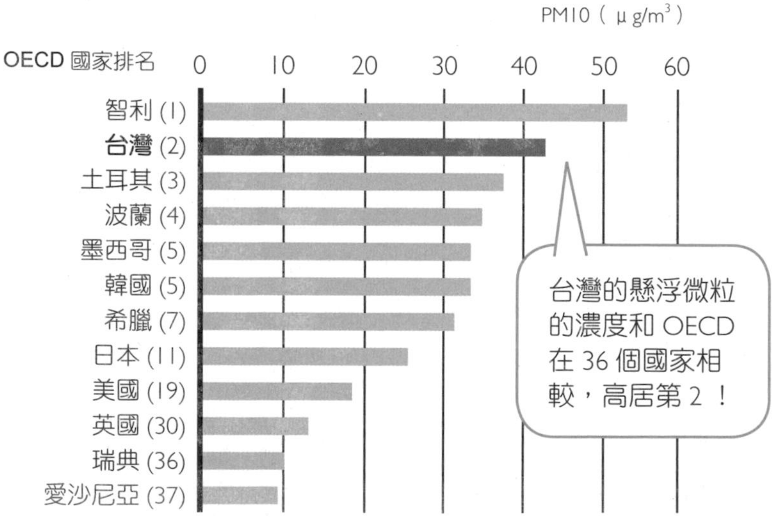
PM10（μg/m³）
OECD 國家排名
0
10
20
30
40
50
60
智利 (1)
台灣 (2)
土耳其 (3)
波蘭 (4)
墨西哥 (5)
韓國 (5)
希臘 (7)
日本 (11)
美國 (19)
英國 (30)
瑞典 (36)
愛沙尼亞 (37)
台灣的懸浮微粒的濃度和 OECD 在 36 個國家相較，高居第 2！

打噴嚏、肺活量降低等呼吸道症狀外，還會導致肺功能下降並且誘發慢性發炎，進而發展成慢性肺部疾病，例如氣喘、呼吸道過敏、慢性氣管炎等，尤其對兒童與肺部疾病患者，影響更為顯著。

危害③ 引起兒童中耳炎

懸浮微粒還會增加孩子得中耳炎的機率。一項針對三千七百個兩歲荷蘭兒童和六百五十個德國兒童的跨國研究發現，兩地兒童罹患中耳炎的機率，皆會隨著戶外空氣懸浮微粒的濃度上升而提高。

危害④ 引發心血管疾病，提高心血管疾病患者的死亡率

除了呼吸道，受PM2.5傷害最大的就是心血管系統。PM2.5懸浮微粒會進入人體血液循環系統，阻礙正常的血液迴圈，引發血栓、高血壓、冠心病及心肺病患者過早死等心血管疾病。早在二〇〇四年，美國心臟醫學會汙染與預防科學專家團（Expert Panel on Population and Prevention Science of the American Heart Association）在《Circulation》期刊發表的研究即指出，懸浮微粒會增加血液凝集或血管栓塞，導致心律不整、急速動脈血管收縮、慢性導致動脈硬化等問題。

美國密安大學的莎拉阿達爾博士和華盛頓大學的約爾考夫曼博士研究則發現，PM2.5懸浮微粒的密度越高，頸動脈增厚的速度越快，進而加速動脈硬化的進程，引發心臟病發作和中風。此外，二〇一三年二月《歐洲心臟雜誌》的一項研究結果也指出，環境中PM2.5濃度越高，心臟病患者的死亡率也會越高。

危害⑤ 影響腦部、降低兒童智商

PM2.5對腦部也有影響。美國專業學術期刊《環境與健康展望》一項針對孕婦環境空

美國 Pediatrics 兒科學的研究報告更指出，三手菸殘留在環境中的毒性微粒，至少有 11 種高度致癌化合物，會造成兒童認知能力的缺陷，增加嬰幼兒哮喘機率以及中耳炎的風險。所以想要打造無毒居家環境，給孩子健康成長的空間，請一定要禁菸。

●**心誠則靈，燒香拜拜能免則免**

建議選擇更先進環保的祭拜方式，例如用鮮花素果取代燒香、燒金紙，就能減少因燃燒產生的 PM2.5。

●**調整烹煮方式**

燃燒瓦斯就會產生比 PM2.5 更細小的極細懸浮微粒，所以烹煮過程中所產生的 PM2.5 大多無可避免，但即使如此，還是可以透過調整烹煮方式來減少暴露量，例如多以電鍋蒸或水煮，盡量避免油炸、煙燻及燒烤的方式烹調，並且使用抽油煙機，甚至改用非瓦斯的電子爐。

●**勤打掃減少灰塵**

居家打掃清潔時，應穿戴口罩、手套或圍裙，並在打掃完一個小時以上，再讓有過敏氣喘體質的孩童進入室內。此外，打掃時建議由較高處往較低處、較乾淨的區域往較髒的區域進行打掃，而打掃方式須先乾後溼，先用吸塵器、除塵紙打掃後，再用溼抹布擦拭效果較佳。

●**多種植綠色植栽**

雖然室內植物吸附 PM2.5 的量有限，不過可淨化 PM2.5 形成的相關前驅物，所以多種植綠色植栽，對維護居家生活空氣品質還是有幫助，至於那些植物的淨化效果，請看 P.66 的說明。

如何避免「PM2.5 懸浮微粒」傷害自己和寶寶？

台灣 PM2.5 懸浮微粒的問題雖然嚴重，但只要有正確的風險概念，還是能夠盡可能的趨吉避凶，以下提供你我都做得到的行動。

這麼做，降低「PM2.5 懸浮微粒」的傷害

① PM2.5 懸浮微粒數值較高期間，盡量減少在戶外逗留，同時配戴口罩

PM2.5 懸浮微粒濃度增高時，建議盡量減少在戶外逗留，尤其是在戶外進行劇烈運動。因為劇烈運動時的換氣速率，是一般呼吸的 5~6 倍。所以空氣品質不好時，就不適合從事劇烈運動，否則換氣量越大、表示吸進去的汙染物越多。假如非得外出，請一定要配戴口罩（尤其是騎機車），同時盡量避開柴油車，以減少微粒暴露。

此外，請多注意每日的 PM2.5 指數，可上行政院環境保護署的空氣品質監測網查詢監測資料，網址為 http://taqm.epa.gov.tw/pm25/tw/default.aspx，或掃描 QR 碼。

②別在 PM2.5 懸浮微粒含量高的地方逗留太久

工廠、宮廟以及馬路或公車專用道等交通流量大的地方，懸浮微粒含量高，最好別逗留太久，尤其是孩童，更應該盡量遠離大馬路。因為車輛廢棄排放位置跟兒童身高相當，所以待得越久，吸入的懸浮微粒就越多，對孩子健康影響極大。

③減少會產生 PM2.5 的行為，打造室內空氣清淨

可別以為 PM2.5 懸浮微粒只存於戶外，室內的懸浮微粒也不少，其來源包含人和寵物的皮屑、抽菸、打掃的揚塵、廚房油煙和燒香拜拜等。我們一生在室內時間長達 90%，嬰幼兒更幾乎是整天都待在家裡，所以居家最好避免會產生 PM2.5 的行為，可以達成的項目有：

●禁菸

家有抽菸者，PM2.5 的背景值會增加 2~3 倍，與吸菸者同住的幼兒，除了要承受二手菸的危害外，還得面對「三手菸」的威脅。根據英國 Mutagenesis 突變學期刊的研究指出，尼古丁有很強的表面黏附力，會與空氣中的亞硝酸、臭氧等化合物發生化學反應，產生更強的新毒物，如亞硝胺等致癌物，黏在衣服、家具、窗簾或地毯上。

氣品質的研究顯示，如果孕期吸入太多汽車廢氣，那麼孩子的智力會與呼吸新鮮空氣孕婦生的孩子產生更大的差距。事實上，受PM2.5影響的並不只有兒童，多項研究證實，居住在嚴重汙染地區的成人，出現阿茲海默症以及其前期病理變化的比率明顯較高，由此可知PM2.5懸浮微粒進入人體後，將以某種方式影響大腦功能，並且改變主導學習及記憶功能的腦細胞。

危害⑥致癌風險

多項研究發現，PM2.5懸浮微粒還會引發癌症，特別是金屬微粒。因此世界衛生組織和國際癌症總署早已將PM2.5懸浮微粒列為一級致癌物。

全台各城市 PM2.5 濃度，均未達 WHO 的健康標準

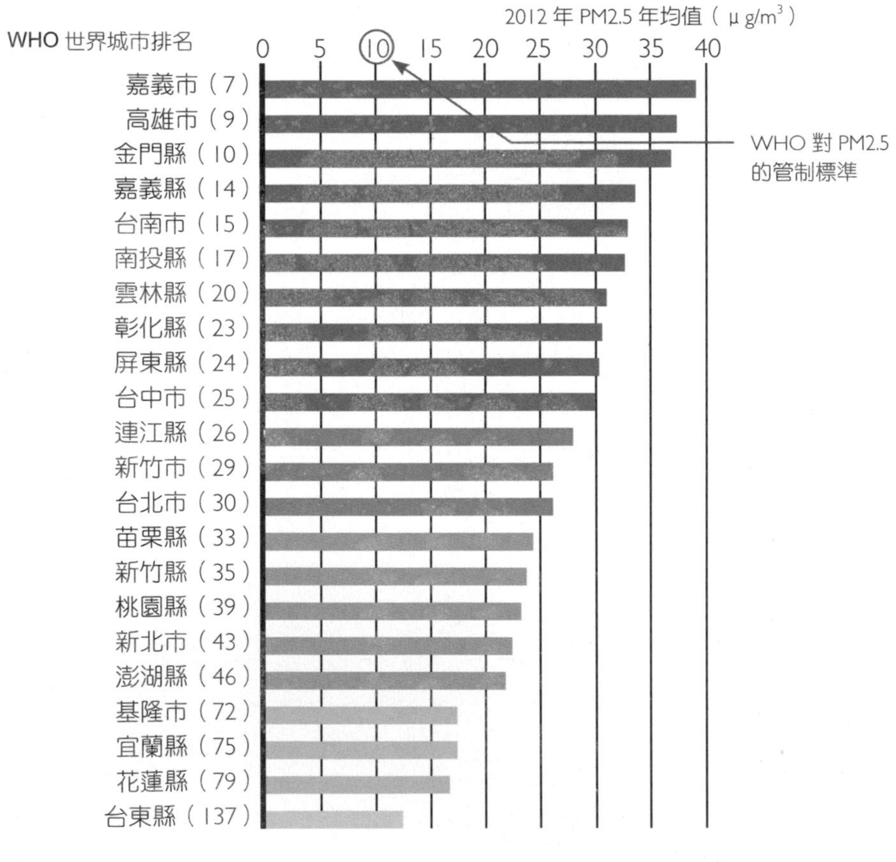

好孕養胎最忌環境汙染(二) 揮發性有機化合物

裝潢、家具、電子產品、乾洗衣物都有

揮發性有機化合物其實是一大類化合物的總稱，包含致癌的甲醛、甲苯、二甲苯、苯乙烯等，對人體健康有極大影響，目前已鑑定出的有三百多種，包括油漆塗料、合板建材、黏著劑、地毯、窗簾等裝潢建材，地毯、桌椅、櫃子等傢俱，以及膠水、化妝品、乾洗衣物和電子產品等生活用品，都可能含有揮發性有機化合物。它並非只存在於室內，但由於室內為半密閉空間，因此含有更高密度的汙染源，所以室內汙染狀況往往較室外嚴重。

我曾檢驗新竹以北六十六間私人住宅，結果發現室內空氣完全合格的只占十三%，其中客廳及主臥室的揮發性有機化合物含量分別高達三十五·七%與二十六·三%，浴室也高達二十三·一%，而這些都還不是剛裝潢好的新房子。

揮發性有機化合物所構成的室內空氣汙染，比戶外灰濛濛的天空更可怕，對孕婦和嬰幼兒

裝修污染毒源

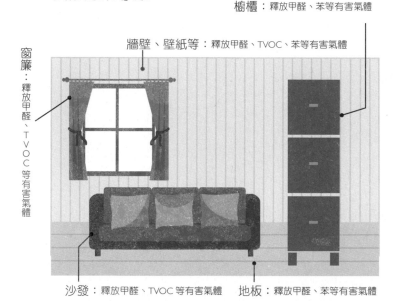

④減少不必要的家具、家飾和用品，例如芳香劑、塑膠地墊

揮發性有機化合物不僅存於裝潢建材，也存在於家具、家飾和許多生活用品中，所以減少不必要的家具、家飾和用品，就等於減少污染源，尤其是塑膠地墊，會釋放大量的揮發性有機物質，對孩子的健康影響極大，千萬不要用。

⑤避免製造空氣毒素，例如不燒香、不用殺蟲劑、不擦指甲油、減少衣物乾

除了建築裝潢和家具、日用品外，還要避免增加空氣毒素的行為，像是使用殺蟲劑、各種有機溶劑、接著劑、油漆等，尤其是殺蟲劑，請千萬別相信「安全無虞」的神話。有些媽媽喜歡擦指甲油，不僅塗抹過程會吸入揮發性有機性化合物，而且毒素還會經皮膚吸收，一定要避免。

特別提醒的是乾洗衣物。相信大家都知道，剛乾洗送回的衣服會有一股味道，其實那就是揮發性有機性化合物，所以能不乾洗就不乾洗，假如非得乾洗，取回後請盡量遠離孕婦和新生兒的生活空間（例如臥室），以減少直接的暴露。

此外不燒香也很重要，香港大學研究發現，燒香會產生多種揮發性有機性化合物，其中甚至還包含對健康影響極大的甲醛，即使近年來新推出的「無煙香」，檢測後發覺仍會釋出多種致癌氣體和超細微粒，對人體健康同樣會有不良影響。

⑥種植淨化空氣的植物

許多植物可以淨化室內空氣，如：吊蘭、虎皮蘭、孔雀竹芋、非洲茉莉、綠蘿、鴨腳木、散尾葵、紅掌、元寶樹和發財樹，可以有效吸取甲醛濃度，黃金葛、常春藤、龍舌蘭對吸附各種揮發性有機化合物的濃度也有不錯的效果；假如想知道還有哪些植物有助淨化室內空氣，行政院環境保護署有「淨化室內空氣之植物應用及管理手冊」可提供下載，網址為：http://freshair.epa.gov.tw/houseplant/userfiles/ 淨化室內空氣之植物 - 居家生活版 .pdf。

如何避免「揮發性有機化合物」傷害自己和寶寶？

我們該如何避免「揮發性有機化合物」的傷害呢？以下幾個方法，可幫助你有效減少揮發性有機化合物的危害。

這麼做，降低「揮發性有機化合物」的傷害

①選用綠建材標章材料及產品→控制原材料中揮發性有機化合物的含量

大部分的人都認為新車、新家具和新裝潢的房子難免會有一些味道，只要過一陣子就好，但事實上這些揮發性有機化合物需要 3~12 年才能夠完全揮發，所以光等味道變淡是沒有用的。

最好的方法是控制原材料中揮發性有機化合物的含量，選擇不含揮發性有機化合物或無甲醛、低揮發性有機化合物的產品；假如能力許可，最好是委託專業機構進行檢測，尤其是自住的房子，一次檢查一生安心，絕對是超值的投資。如果揮發性有機物超量，也可以用觸媒來一勞永逸的解決。

②準備懷孕→產後，不裝潢、不開新車、不買新家具

揮發性有機化合物能直接通過胎盤影響胚胎和胎兒，導致胎兒畸形或流產，而嬰兒每分鐘的呼吸量比成人多一倍，所承受的中毒風險也跟著加倍，因此在這兩個階段，建議不裝潢、不開新車、不買新家具，以避免新的汙染源危害了寶寶的健康。

③保持環境良好通風

根據環境保護署的報告，如果室內存有揮發性有機化合物，又沒有足夠的通風設備使空氣流通，那麼室內空氣污染程度將會比室外空氣嚴重 10 倍，所以居家生活環境應保持良好通風。一般提高室內通風率最簡單的方式當然就是多開窗，不過由於戶外 PM2.5 細懸浮微粒的含量較大，所以開窗的時間跟大小都要注意，平時至少開窗 10 公分並加掛窗簾，既可促進空氣流通，也降低懸浮微粒飄進室內的機會，但是當室外交通流量大、空氣品質較糟時則暫時關窗。此外，開啟通風設備或加裝抽風機，對提升通風率也有幫助。最保險的方法就是加裝有空氣過濾能力的全熱交換機。

危害更巨，因為揮發性有機化合物能直接通過胎盤，讓寶寶還沒出生就攝入，而嬰幼兒不僅待在室內的時間比成人長，每天的呼吸量也比成人多了五〇%（成人每分鐘約呼吸十二至二十次，嬰兒每分鐘呼吸約二十至四十五次），所以比成人更容易受揮發性有機化合物的傷害，自然必須更加小心才行。

危害① 造成胎兒畸形和流產

研究發現，生活在揮發性有機化合物汙染環境中的孕婦，胎兒畸形的機率遠高於一般正常孕婦。因為揮發性有機化合物具有致突變性，通過胎盤影響胚胎和胎兒，可能導致胎兒畸形和流產等嚴重後果，尤其是甲醛，對精子和卵子有很強的致畸、致突變作用，它可引起基因突變、ＤＮＡ斷裂以及染色體畸變。

危害② 急性中毒

空氣中的揮發性有機化合物只要達一定濃度，就會使人感到頭痛、頭暈、咳嗽、噁心、嘔吐、四肢乏力，如果沒有及時離開現場，除了以上症狀加劇，嚴重時還會出現抽搐、昏迷，甚至有生命危險。

危害③ 肝、腎、血液等各種病變

長期居住在揮發性有機化合物汙染的室內，可能會慢性中毒，導致肝臟、腎臟、肺臟、大腦以及神經系統、造血系統及消化系統的功能受到損害，進而引發相關病變，也是造成兒童神經系統、血液系統、兒童後天疾患的重要原因。

危害④ 致癌

長期接觸甲醛會引起鼻腔、口腔、鼻咽、咽喉、皮膚和消化道癌症。

好孕養胎最忌環境汙染㈢三鹵甲烷

沐浴時三鹵甲烷暴露量最高

水是人類賴以生存的必要物質，但台灣的水不僅有含鉛（重金屬）風險，而且還因為添加氯消毒而含有「三鹵甲烷」，可能時時危害我們的健康。

當自來水中餘氯結合水中有機物，就會生成CHC13（三氯甲烷，又稱為氯仿）、CHBrC12（一溴二氯甲烷）、CHBr2C1（二溴一氯甲烷）、CHBr3（溴仿）等物質，這些物質合稱為總三鹵甲烷（TTHM），其中又以三氯甲烷對人體健康威脅最大，會影響中樞神經而導致暈眩、疲倦和頭痛，長期暴露還可能造成肝臟及腎臟損壞，甚至還會致癌。

三鹵甲烷的暴露主要來自呼吸與皮膚。二〇〇八年，Backer博士等人從血液樣品中檢測三鹵甲烷之濃度，發現淋浴、沐浴為居家三鹵甲烷暴露最主要來源，飲水暴露反而偏低；Lin和Hoang等學者也指出，在烹調前後以及烹調過程中，三鹵甲烷的暴露量每日只有一・五六和三・二九毫克，但淋浴的暴露量卻高達每日二十六・四毫克；安德爾曼的研究則發現，淋浴十分鐘後浴室內有毒氣體的濃度要比淋浴五分鐘的濃度高四倍，而且淋浴時間越長，水溫越高，蒸氣中有毒化學物質越多。換句話說，光是洗澡，三鹵甲烷就可能傷害孕婦和胎兒的健康。儘量避免使用蓮蓬頭、長時間、高溫的洗澡。

由此可知，除了每天要喝的水，三鹵甲烷還會透過煮飯、洗澡、游泳等方式侵害人體，每天累積下來的傷害實在不容小覷，特別是孕婦、嬰兒等高風險族群，三鹵甲烷的暴露更須斤斤計較。

危害① 增加畸胎、流產風險

英國伯明罕大學賈柯拉教授曾來台針對將近四十萬名新生兒進行研究[3]，證實三鹵甲烷

③洗澡不要洗太久

根據安德爾曼研究發現，淋浴 10 分鐘後浴室內有毒氣體的濃度要比淋浴 5 分鐘的濃度高 4 倍，顯示淋浴時間越長，水溫越高，蒸氣中有毒化學物質越多。

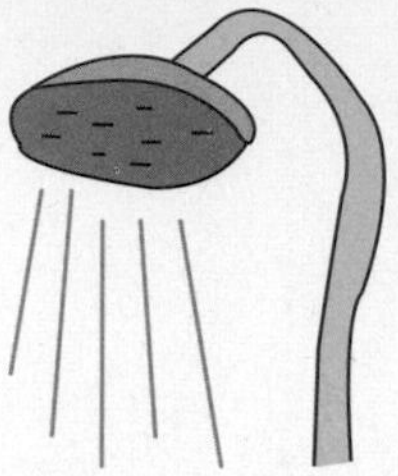

中國醫藥學院職業安全與衛生學系教授吳焜裕研究也顯示，洗澡時間越長或浴室空間越小，致癌風險也相對提高；所以若是沒有加裝三鹵甲烷過濾器，洗澡不要洗太久（最好不要超過 5 分鐘），而且溫度不要高、並且少用蓮蓬頭，以減少水蒸氣。

④沒有加裝三鹵甲烷過濾器，颱風及大雨過後寧可不洗澡

每年颱風或大雨過後，為了降低原水含生菌數，水公司的氯含量會增加，相對地水中的三鹵甲烷的含量至少也會飆高 2 倍以上，這段時間獨立住宅不要進水，或使用事先儲水。

假如家中供水沒有加裝三鹵甲烷過濾器，建議孕婦、新生兒等高危險群，寧可暫時不洗澡，忍耐個一兩天，也好過因此得承受畸胎、流產、致癌等風險。

⑤少去室內溫水游泳池

為了避免結膜炎等傳染病及降低生菌數以符合國家抽檢的標準，游泳池都會加氯消毒，然而游泳池內的有機物相當多（如：人的汗水、口水、排泄物等），這些有機物和氯結合後就會形成大量的三鹵甲烷，因此泳池空氣中的三鹵甲烷，含量遠高於家裡浴室。

特別是室內溫水游泳池，水面以上 20 公分的三鹵甲烷濃度是池邊休息區空氣的 40 倍濃度，所以建議最好少去室內溫水游泳池。

如何避免「三鹵甲烷」傷害自己和寶寶？

這麼做，降低「三鹵甲烷」的傷害

①加裝三鹵甲烷過濾器

既然三氯甲烷在目前的自來水中無可避免，那麼自保之道當然是加裝三鹵甲烷過濾器，以確保家中用水安全（淨水設備的挑選方式，請見 P.100 孕期養胎重點）。

②自來水煮沸後打開鍋蓋多煮 5 分鐘

根據 Water Research 研究發現，水煮沸 1 分鐘後，水中氯仿可減低 34%；日本的研究及環保署環境檢驗所實驗結果也顯示，自來水煮沸過程中，三鹵甲烷會先隨溫度增加而增加，並於煮沸到 100℃時達到最高點，此後若打開鍋蓋繼續煮沸 3~5 分鐘，三鹵甲烷含量就會大幅減少。所以在家中煮開水，建議應於煮沸後打開蓋子再煮沸 5 分鐘。

務必要注意的是，煮沸開水所冒出的水蒸氣，含有大量的三鹵甲烷，因此打開鍋蓋後，記得同時打開排油煙機或窗戶，以避免蒸散的三鹵甲烷又讓家人吸入；同理類推，如果是用有消氯功能的熱水瓶，記得「消氯鍵」也要在家中通風時才能按下。

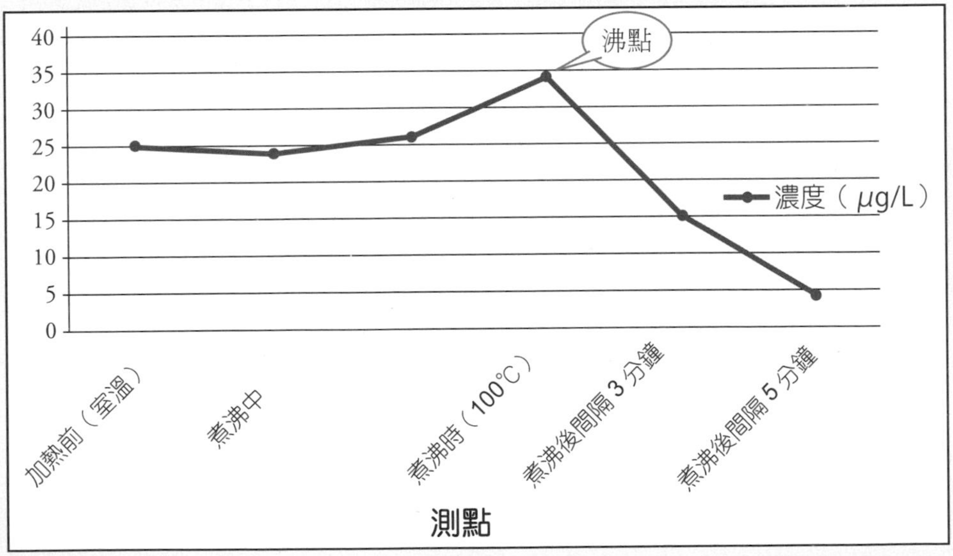

檢測發現，水沸騰時的三鹵甲烷含量最高，煮沸後 5 分鐘，濃度將會大幅降低。

會增加婦女產下畸形兒的機率；這項研究發現，嬰兒出生在三鹵甲烷含量達八成的地區，心臟出現破洞缺陷的機率較高，而含量只達上限五成以上地區的新生兒，罹患唇顎裂、無腦症（多數腦組織、頭骨與頭皮都消失）的機率也有明顯升高；King等分析五萬個死胎案例[4]，報告稱三鹵甲烷與孕婦之流產有關，並且可能造成先天性畸嬰、嬰兒體重不足等現象，顯示三鹵甲烷會增加畸胎與流產風險。

危害② 不孕症

比利時魯汶大學測量三百六十一名十四至十八歲的男孩發現，去含氯泳池超過兩百五十小時以上或七歲以前超過一百二十五小時者，其睪固酮或抑制素b的含量過低的風險是正常人的三倍，可能會造成不孕症；美國醫學研究也顯示，體內如果長期累積三鹵甲烷，會影響男性精蟲活動，女性也會出現經期縮短甚至不孕等後遺症。

危害③ 致癌

三鹵甲烷為已知之致癌物。Gerald和Speitel在一九九五年調查美國一百一十二個城鎮的自來水，仍有三十一個城市超出當時一百ppb之限量，長期飲用及沐浴此加氯消毒之飲用水，將使膀胱癌、結腸癌之罹患率，增加三十四%。一九九八年高雄醫學大學健康科學院院長楊俊毓就已在國際期刊《Environmental Research（環境研究）》中揭露「台灣飲用水加氯消毒與癌症死亡率」的關係，顯示喝自來水的鄉鎮罹患膀胱癌、肺癌、胰臟癌的比例較高。

二〇一〇年西班牙巴塞隆納的流行病學研究中心在美國《衛生展望期刊（Environmental Health Perspectives）》發表的研究也指出，長期在加氯泳池的泳客會增加基因突變甚至罹癌的風險。因此世界衛生組織早已於一九九三年認定總三鹵甲烷為2B可能致癌物。

好孕養胎最忌環境汙染(四) 電磁波
台灣地小人稠，電磁波暴露風險更高

仔細看看我們每天的生活空間，小至手機、電腦、吹風機、微波爐、電暖爐、電磁爐，大至高壓電塔、基地台、變電箱、廣播電台，電磁波（又稱電磁輻射）幾乎無所不在，而在生活越來越便利的同時，我們不能忽略它可能帶來的危害。

電磁波一般按照頻率分類（七十五頁上表），可分游離輻射與非游離輻射，其中游離輻射（例如醫學上常用的X光）所帶能量十分強大，足以穿透人的身體，並且可破壞生物細胞分子，對人體傷害極大。所幸環境中的天然來源（如宇宙射線、土壤岩石中自然存在放射性元素所產生的輻射）不多，因此只要小心人工來源（如醫療放射線診斷及治療、核電廠、輻射鋼筋等）的暴露即可。比較麻煩的是非游離輻射，過去認為它不會破壞生物細胞分子所以不會影響人體，但事實上醫學界已有不少低頻與極低頻電磁波對人體造成危害的研究，因為它幾乎無所不在，所以更應小心防範。

讓人憂心的是，台灣地小人稠，電磁波的密度勢必更高，這對一般人的健康都可能造成危害，何況是腦部及神經系統與器官仍處在發育狀態的胎兒，和免疫能力較低的孕婦及嬰幼兒。因此想要好孕、優生，千萬不可小看電磁波的傷害。

已有多項研究和調查結果證明，電磁波對健康的危害是複雜且多方面的，其中針對準爸媽、嬰幼兒可能的危害有：

危害① 影響精蟲分裂&濾泡成長，進而導致不孕

富路亞醫師的動物研究發現，在五十赫茲的極低頻電磁場中，精蟲的分化及分裂會受影響；羅馬的研究指出，如果以濾泡腔的成長比

率來評估濾泡成長的速度，沒有電磁場影響的一組是七十九%，暴露在三十三赫茲為三〇%，暴露在五十赫茲這一組為五十一%；此外，暴露在三十三赫茲的環境下，不僅動情激素分泌及顆粒細胞的去氧核糖核酸（DNA）的合成會明顯減少，而且達到成熟的卵子也會明顯減少許多[5]，由此可知，長期生活在電磁場的環境下，將可能導致不孕。

危害② 可能提高流產機率

在一九八一至一九八二年間，醫療組織Kaiser Permanente的三位醫生曾進行一項「孕期女性使用螢幕終端與流產和新生兒出生缺陷發生概率關係」的調查[6]，統計一千五百八十三名來自美國北加州的孕婦的情況，結果發現在懷孕前三個月，每周使用螢幕終端（VDT，也就是各種電腦和電視螢幕）超過二十小時的孕婦，流產率比不接觸VDT的孕婦明顯較高。

危害③ 提高小兒白血病風險

長期暴露在電磁場環境下，還可能引發血液疾病。自一九八〇年以來的流行病學研究顯示，長時間暴露（職業或居家）於極低頻磁場，發生白血病的機率高於其他工作族群高，發生在孕婦時，將會明顯提升新生兒白血病的風險。此外，兒童若居住離極低頻磁場發生源（如高壓輸電線、變電所或發電廠）較近，

懷孕期婦女受到電磁波影響的兒童白血病發生機率

孕婦行為	新生兒白血病風險
使用電毯	7倍
經常燙頭髮	6倍
經常使用吹風機	2.8倍

電磁波分類

分類	頻率	類別
游離輻射	3×10^{15} Hz 以上的高頻電磁波	•X 光
有熱效應的非游離輻射	頻率在 3×10^{10} Hz 至 3×10^{15} Hz 以下，會造成接觸部位表面溫度上昇的電磁波	•微波 •可見光 •紅外線
無熱效應的非游離輻射	頻率在 3×10^{10} Hz 以下的電磁波	•無線電波

德國 Building Biology（建築物生機）所提出的電磁波影響

頻率／干擾強度	No anomaly（無干擾）	Weak anomaly（輕微干擾）	Strong anomaly（強烈干擾）	Extreme anomaly（極強干擾）
高頻電磁波（RF）	< 0.1 uW/m²	0.1~5 uW/m²	5~100 uW/m²	>100 uW/m²
低頻電場	< 1 V/m	1~5 V/m	5~50 V/m	> 50 V/m
低頻磁場	< 0.2 mG	0.2~1 mG	1~5 mG	> 5 mG

* 當高頻電磁波低於 5 uW/m²， 低頻電場低於 5 V/m ，低頻磁場低於 1mG 時，屬於輕微干擾，絕大部分的人不大會受到影響。
* 當高頻電磁波高於 5 uW/m²，低頻電場高於 5 V/m，低頻磁場高於 1mG 時，屬於強烈干擾，電磁波會強烈干擾睡眠品質。
* 高頻電磁波高於 100 uW/m²，低頻電場高於 50 V/m，低頻磁場高於 5mG 時，屬於極強干擾，除失眠等徵兆外，長期還會危害中樞神經系統、免疫系統、心血管系統、血液系統、視覺系統以及可能的致癌作用，電磁波不可不防。

生活中常見的極低頻電磁場來源

區域	設備
室內	手機、電腦、吹風機、微波爐、電器設備，以及配電線和開關插頭等
戶外	變電所、輸配電線等

則發生小兒白血病（特別是十五歲以下的小兒白血病）的危險性也較高。

危害④ 影響記憶力、提高腦癌風險

瑞典德隆大學神經外科系的學者在小鼠身上進行的試驗表明，手機輻射可能會影響記憶力。研究者將實驗組小鼠每周暴露於手機輻射環境下兩個小時，一年後在記憶測試中發現，暴露於手機輻射環境下的小鼠，記憶得分顯著低於正常飼養的對照組小鼠。研究還發現，手機產生的電磁輻射不但對血腦屏障有損傷作用，還會傷及大腦皮層以及記憶中樞海馬區的神經細胞。

危害⑤ 可能致癌

早在一九七九年，Wertheimer和Leeper發表第一篇關於「高壓電線極低頻電磁場與小兒癌症之死亡有關」的流行病學研究後，居家及職業場所暴露於極低頻電磁場與人體健康效應之研究，即引起廣泛的關切與討論。時至今日，電磁場是否會致癌雖然仍有爭議，但多項研究皆指出，電磁場即使不是「直接」致癌，但極低頻（小於一百赫茲）電磁場會有「共同致癌」作用，換句話說，就是在有其他致癌物的參與下，極低頻電磁場有協同其引起細胞突變的可能，因此世界衛生組織公告為B級致癌物。

根據十三國合作的對講機研究（Interphone Study）發現，一生使用手機超過一千六百四十小時以上的人，罹患腦癌的風險比一般人多了近兩倍，尤其是接觸這些設備頻率較高的部位，例如習慣用左耳接聽，則左腦罹患腦癌的風險就特別高。法國波爾多大學的研究團隊在二〇〇四至二〇〇六年間的研究調查[7]也顯示，每月講手機逾十五小時（即每天半小時）之高用量者，比低用量者得到腦瘤的風險機率多出三倍，一生若講手機超過九百小時的手機高用量危險群，較容易罹患腦瘤。

如何避免「電磁波」傷害自己和寶寶？

電磁波幾乎無所不在，該如何做，才能降低它對我們和寶寶的傷害呢？其實準媽媽們不必過於惶恐，只要能掌握「距離」和「使用頻率」，就能讓影響減至最低。

這麼做，降低「電磁波」的傷害

①檢視住家附近是否有變電所、高壓輸電線

想避免電磁波的傷害，首先第一步就是保持安全距離，避免暴露在高單位的電磁波下。和家用電器相比，更恐怖的是住家附近的電力設施，如變電所、高壓輸電線、配電線等。根據 2016 年《蘋果日報》取得全台 588 座變電所電磁波最新監測數據後發現，全台有 30 座變電所的電磁波強度超過 83.3 毫高斯，當中最高甚至達 194 毫高斯，而且不少變電所不僅外觀沒標示，有些甚至化身華廈或刻意以高牆遮掩，請千萬注意。

②遠離電磁波較強的家電

其次是檢視家中的家電設備以及配電系統（如牆壁內的配電線），特別是臥室等家中常待的地方，電器和配電系統越少越好，尤其是床頭，絕對不要擺一堆電器。此外，針對電磁波較強的家電，例如吹風機、微波爐等，使用時請務必保持安全距離，至於電毯、電磁爐等沒有絕對必要的家電，建議孕婦別用。

③謹慎使用手機

根據多項電磁輻射研究顯示，手機的電磁場會提高腦癌的發生率，因此手機的使用務必講求方法，例如：使用專用耳機和麥克風接聽電話、左右耳交替使用、不用手機聊天等等。此外，手機只要處於待機狀態，就會向發射基站傳送無線電波，因此睡覺前時請務必關機，平時也最好不要隨身攜帶，以減少電磁波暴露。

★必須特別注意的小家電：

吹風機：輻射強，特別是在開啟和關閉時輻射最大，建議使用時距離頭部 20 公分，使用時間不宜超過 20 分鐘。

老舊微波爐：電磁輻射較高，孕期最好不要使用，如果無法避免，使用時至少保持 3 公尺。

④避免使用無線裝置

盡量避免使用 IP 分享器等無線裝置，假如無法避免，至少睡覺不用的時候關掉，對減少暴露量也有幫助。

⑤更換 LCD 或 LED 螢幕

傳統陰極射線管的螢幕，電磁波較高，建議改成 LCD 或 LED 螢幕，不僅輻射比較低，而且耗能較少。

此外，瑞典奧雷布洛大學醫院腫瘤科的研究人員，長期追蹤十年，分析比較一百三百八十名患惡性腦瘤患者及無患病人士，結果也發現，使用無線電話的時間越長，罹患惡性腦部膠質瘤的風險越高；使用手機或無線電話二十至二十五年，罹患惡性腦部膠質瘤的機率，比起使用手機少於一年的人高出近兩倍；若使用二十五年或以上，風險更會增加高達三倍。可見得暴露在電磁輻射的環境下，罹患腦癌的風險也將大幅提高。（有關癌症的風險因子與預防詳見拙作：《癌症，當然可以預防！》）

---

1. 根據 WHO 世界衛生組織標準，常年生活在 PM2.5 濃度 10 μg/m3 以上地區，對健康有不利影響。
2. A242,volume 123,number 9,September 2015. Environmental Health Perspectives.
3. June 2008 環境衛生期刊。
4. King WD, Dodds L, Allen AC. Relation between stillbirth and specific chlorination by-products in public water supplies. Environ Health Perspect 2000;108:883-6.
5. 人類生殖 2000 年 11 月。
6. 1988 年 6 月《美國工業醫學雜誌》。
7. 2014 年 5 月英國醫學會《職業病及環境醫學》。

老祖宗們流傳下來的懷孕禁忌，許多準爸媽要不就是不明所以的照單全收，要不就是認為是迷信而完全置之不理，其實一味的盲從和盲目的反對都可能賠上媽媽和胎兒的健康。我建議正準備懷孕或懷孕中的準媽媽，都應該徹底了解懷孕的禁忌與規矩，才能在規畫孕期生活時，更懂得「趨吉避凶」之道。

迷思(一)：想要懷男孩，女性應多吃鹼性食物？

聽說X精子耐酸、Y精子耐鹼，所以想要懷男孩，準備懷孕的女性應多吃鹼性食物，提高生男孩的機率。

A：錯！沒有科學證據支持，甚至可能造成感染！

其實喝鹼性水、吃鹼性食物唯一能改變的只有尿液的酸鹼度，並不能變成鹼性體質，女性生殖道內的酸鹼度更不會因此改變。況且「X精子耐酸、Y精子耐鹼」的說法根本沒有科學證據；早在上世紀七〇年代，科學家們就研究過這個問題，研究者用pH值五・二至八・〇的酸性和鹼性溶液對兩種精子又洗又泡，結果發現X精子和Y精子的活力並沒有明顯區別。

此外，有些女性為了想生男孩，會在同房前先用鹼性溶液沖洗陰道，這樣作法不但破壞了女性陰道抑制有害菌生長的酸性環境，反而會引發陰道炎，而影響受孕。

迷思(二)：懷孕照X光會導致胎兒畸形，一定要拿掉？

照了X光後，才發現自己已懷孕五周，聽說X光等放射線會讓肚裡的胎兒畸形，這時該怎麼辦，應該要拿掉孩子嗎？

A：不一定！孕婦的確應避免照射X光，但若已發生也不必因此終止妊娠，只要進行完善的產前檢查即可。

首先，我們必須了解，X光可分為：診斷型X光（如：牙科X光、胸部X光），以及治療型X光（如：癌症的放射線治療）。

以放射線的測量單位雷得（rad）來說，醫學界認定對胎兒造成影響的X光劑量是五雷得，而診斷型X光的劑量，通常遠低於五雷得，而且X光擴散現象很小，不會擴散到全身，所以美國婦產科醫師學會認為，不必為了孕期、孕前做了醫療診斷成像而終止妊娠。

準媽媽們若是在孕期曾照射過一般診斷型的X光，只要次數不多，並不需要為此拿掉孩子，只要持續進行完善的產前檢查即可。

迷思(三)：懷孕絕對不能喝茶、喝咖啡，否則會影響胎兒發育？

聽說，懷孕時喝茶、喝咖啡，可能會影響胎兒發育，甚至造成孕婦和胎兒產生心律不整，尤其是咖啡，更是千萬別碰，一口都不能喝。

A：不一定！並非完全不能喝，1天1.5杯美式咖啡是安全的。

依據美國懷孕協會研究顯示，只要每日攝取的咖啡因不要超過三百毫克，也就是大約一・五杯的美式咖啡，對孕婦和胎兒的健康並不會有不良影響，所以孕期並非完全不能喝茶、喝咖啡，而是必須「限量」。

此外，孕期比較需要注意的是茶，因為茶葉中含有高達五〇%的鞣酸，會妨礙我們的腸黏膜對鐵質的吸收，而鐵質又是孕期的重要營養，因此孕婦若要喝茶，就必須多補充鐵質才行，也不要飯後喝。

迷思(四)：懷孕不能養寵物，會造成胎兒畸形，甚至流產、死胎？

聽說貓狗等寵物身上有弓漿蟲，可能引起弓蟲症，導致孕婦出現流產、死胎或造成胎兒畸形，而且寵物身上的毛會誘發過敏原反應，容易讓孕婦、嬰兒過敏，所以懷孕後最好把寵物送走，以保障孕婦、胎兒及寶寶的健康。

A：不一定！只要讓寵物進行抽血檢查，沒有感染弓漿蟲就不需擔心。

事實上，懷孕並不一定得把寵物送走。因為弓蟲症的傳染途徑並不只有寵物，只要是溫血動物都有可能成為弓蟲的中間宿主，包括人類、犬、囓齒類、豬、羊等，所以人們也可能因為吃了含有弓蟲囊體的生肉而受到感染。

一般說來，只有獵食生肉的寵物才有可能感染，完全限制外出的寵物幾乎不太可能感染到弓蟲。不過，為了安全起見，應該讓寵物抽血檢查，只要確定沒有感染弓漿蟲就不需太擔心，況且送走飼養多年的寵物，可能會讓孕婦產生失落感，反而對胎兒不好。

此外，養寵物常被提及的一個問題是：貓毛及狗毛會誘發過敏？事實上，國內外的相關研究都指出，讓小孩從小跟貓、狗等寵物在一起，並不會增加過敏的機會，有些研究甚至顯示養寵物有「減敏效果」，也就是有寵物陪同成長的孩子，出現過敏問題的機率反而比較低。

不過，這種情況僅限於「原本就有寵物」的家庭，如果原本並沒有養寵物，而是在孩子出生後才開始飼養就沒有用，同樣的，如果懷孕前沒有養寵物，也不建議懷孕後才開始飼養，以免增加未知的風險。

迷思(五)：懷孕期間不能搬家、也不能動工裝潢？

聽說懷孕後不能搬家，不能動工裝潢，也不能搬動大型家具，以免觸動胎神，影響胎兒發育，甚至引發流產或造成胎兒畸形等嚴重後果。

A：對！這類情況會讓孕婦暴露在更毒的生活環境中，應該避免。

從居家環境安全的層面來檢視，傳統觀念認為懷孕期間不宜搬家、動工裝潢、搬動大型家具是有道理的。因為剛落成的新房子、剛裝潢好的屋子、剛添購的新家具甚至剛買的新車，都含有較高的揮發性有機化合物，這些揮發性有機化合物能直接通過胎盤影響胚胎和胎兒，導致胎兒畸形或流產，而且還具有毒性，一旦攝入過量就會有生命危險。再加上處理搬家、動工裝潢、搬動大型家具等事務，難免勞心勞力，而孕婦過度勞累，的確有可能造成流產或早產，當然最好要避免。

迷思(六)：孕期不能吃「寒性食物」，否則容易流產？

聽說懷孕期間吃螃蟹、苦瓜、蘿蔔、葡萄柚等寒性和涼性的食物，容易造成流產，是真的嗎？

A：不一定！這類食物其實是高風險食物，多了解就能降低風險。

近幾年的飲食講座中常有準媽媽詢問：「聽說孕期常吃寒性和涼性的食物容易流產，到底有沒有根據呢？」為此我特別仔細研究了食物屬性，結果發現，傳統所謂的寒性與涼性食物，其實都是潛藏風險較高、吃了容易有問題的食物，這應該是古時候並沒有細菌、毒素等概念，只知道許多人在吃了這些食物後，身體健康就會出問題，因此才有這樣的分類法。

舉例來說，被歸類為寒性的蘿蔔、白菜，因含有抗甲狀腺物質，生吃太多會引起甲狀腺腫大，而整個中國大陸除了少數沿海地區，在古代都普遍缺乏碘更讓甲狀腺腫大變成一個嚴重的問題。現在台灣食鹽都加了碘，即使偶爾生吃蘿蔔、白菜也不會有問題。

而俚語會說「半眠吃西瓜反症（也就是晚上吃西瓜，容易反常生急病）」，真正原因應該是白天吃剩下的西瓜剖面在沒有冰箱、保鮮膜的年代勢必吸引蒼蠅附食，導致感染病菌。因此，我認為孕期要怎麼吃，只要透過科學方法進一步了解，就可以避開風險。例如竹筍、十字花科的食物必須煮熟來破壞當中的有害物質，螃蟹則是必須徹底煮熟來滅菌，至於容易含毒的食物則要完全忌口等；換句話說，所謂的寒性和涼性的食物，並非不能吃，而是得了解其背後潛藏的風險再判斷。

迷思（七）：坐月子不能碰水，所以不能喝白開水，也不能洗頭、洗澡？

聽說產後要滿月才能碰水，所以坐月子期間不能洗頭、洗澡，甚至不能夠喝水，只能用生化湯或麻油雞湯取代白開水，而且所有的料理都要用米酒、或由米酒提煉的米酒水來料理，以避免水、風、寒氣的侵襲及感染「月內風」，才能減少以後偏頭痛、手腳冰冷等後遺症的發生。

A：錯！現代人的生活條件和古時候不同，所以喝水、洗澡都沒問題！

傳統會認為婦女在產後坐月子期間完全不能碰水，主要原因就在於要避免產褥熱，也就是產後感染。因為古時候的水質雖然沒有現代含鉛、含氯等問題，卻可能含有細菌、病毒等致病微生物。女性懷孕時，身體為了接納不屬於自己的胎兒，免疫功能會下降，直到生產後才會逐漸恢復。

換句話說，坐月子，也就是剛生產的這段期間，產婦的免疫能力較低，而古代又通通使用井水，井水常常被雞、豬等動物糞便污染，如果喝了這種含有細菌、病毒及致病微生物的水，或者讓井水接觸到產婦的傷口就會出現產褥熱，嚴重時甚至會死亡。但在現代，這類情形幾乎不會發生，因為我們的居家用水都已

所謂的寒性食物，其實就是潛藏風險較高的食物

食物名稱	潛藏風險	避險方式
螃蟹	含菌量高，未煮熟或烹煮過程受到汙染後引起腹瀉	徹底煮熟滅菌
苦瓜	含有奎寧，攝取過量大會引起流產	偶爾淺嚐，不要常吃
楊桃	會使尿毒及慢性腎衰竭病人打嗝或昏迷甚至死亡	腎臟不好的人少吃
葡萄柚、柚子	含有咈喃香豆素會干擾藥物代謝，造成中毒	需定時吃藥的人不宜
蘆薈	蘆薈綠皮含有大黃素，食用後會刺激腸胃蠕動，有些人腹瀉明顯	腸胃敏感的人少吃
蘿蔔、白菜、包心白菜、芥菜	有抗甲狀腺物質，生吃大量會引起甲狀腺腫大	煮熟吃，而且不要吃過量
竹筍	含氰化物，需加熱破壞，以免中毒	煮熟吃
黃豆芽、綠豆芽	含大量普林使痛風病人發作	有痛風或痛風家族史的人不宜
食鹽、醬油	含大量鹽，造成心血管疾病	人人都該限量
松花皮蛋	含大量鉛，會傷害大腦、腎臟	含鉛，人人都不該吃
白礬	十二水硫酸鋁鉀，傷害腦	含鋁，人人都不該吃
田螺、螺螄、泥螺、蝸牛	含大量寄生蟲卵，處理不慎則感染寄生蟲	處理不慎就會感染，最好少碰
蛤蜊、蚌、蜆、蟶子、牡蠣	含重金屬的機率高	易含重金屬，建議孕婦少吃或尋找經過檢驗的產品
柿子、柿餅	含大量鞣酸，結合蛋白質形成胃石	有胃鏡的年代沒在怕
西瓜	剖面易遭惹蒼蠅，導致腹瀉	應使用冰箱或保鮮膜覆蓋
番瀉葉茶	Sennoside，容易導致腹瀉	含 Sennoside，請酌量
仙人掌	可能含有毒鹼，會導致中毒	可能含毒鹼，請忌口

消毒，只要再確實過濾、消除水中毒素（鉛、三鹵甲烷等），比起可能受到農藥、重金屬汙染的生化湯，水反而是最好、最安全的選擇。

況且身體不保持清潔，反而更容易讓病原體侵入。因此，坐月子期間只要注意水溫與沐浴環境，並在沐浴後立即將身體和頭髮弄乾，想洗頭、洗澡都沒問題。

迷思（八）：坐月子一定要喝生化湯才能排惡露？

聽說產後一定要喝生化湯才能把惡露排乾淨，否則容易有後遺症，對產婦的健康影響很大？

A：錯！惡露本來就會自然脫落，注意產後衛生更加重要！

以前的人覺得惡露是非常髒的東西，是肚子裡面十個月沒有流出來的經血，不但髒，而且很毒，所以產後一定要喝生化湯把惡露排乾淨，否則會有很多後遺症。然而隨著醫學進步，這種想法早已不攻自破；其實惡露是自然脫落的子宮內膜細胞（含胎盤、子宮的褪膜、自我凋亡的組織），並不是感染造成的膿。我認為，與其重視喝生化湯來排惡露，注意產後衛生其實更加重要。

一般來說，產後惡露大約四到六星期就可以排乾淨，產婦可觀察惡露的量、是否發燒、腹痛，以及會陰傷口或剖腹產傷口復原的程度，等產後一個月回診時，醫生會仔細檢查產婦身體恢復的狀況，並不需要喝生化湯。

演講時常有人問：「那麼直接喝生化湯來幫助子宮收縮不好嗎？」的確不好！因為生化湯中的中藥材，有農藥、重金屬汙染的風險，而這些毒素不僅危害媽媽，還會透過母乳直接毒害剛出生的寶寶，因此想要讓寶寶健康成長，請務必先成為一個無毒媽媽，才能讓寶寶喝到真正營養又安全的母乳。如果要使用生化湯務必經中醫師望聞問切後開立適當的劑量。

Part 2

生養健康寶寶的關鍵，從受孕那一刻開始

掌握3大孕期養胎術，讓媽咪胎兒都受益

結婚五年的婷婷，好不容易懷了第一胎，結果才懷孕數月，竟發現是「無腦兒」，不得已只能引產。兩年後，好不容易再度懷孕，結果產檢又發現寶寶有「唇顎裂」，只好再度引產，然而夫婦兩人無家族畸胎之病史，也進行了各項檢查，確定健康沒有問題，但為什麼胎兒畸形的情況會一再發生，難道真的是所謂的因果報應嗎？

懷孕二十八周的君如，產檢時被醫生告知肚子裡的寶寶太小，頭圍比實際周數少兩周，讓她覺得很納悶，自己明明每天都吃很飽，而且也胖了不少，怎麼寶寶還會營養不良？到底該吃什麼才能養胎呢？

為了讓寶寶擁有好性格，並且刺激潛能發展，小靜從懷孕就下足功夫、嘗試各種胎教，例如六個月大發展聽力，便進行音樂胎教，時常放音樂給寶寶聽；七個月大之後發展視力，則用手電筒照射肚皮，進行光源胎教。由於小靜個性嚴謹又好強，為了做好胎教，反而跟公婆起了不少爭執，也搞得自己整天心情不佳，整個孕期煩躁不已。

每位爸媽都希望給孩子最好的一切，因此從得知懷孕開始，便小心翼翼，從營養供給到胎教啟蒙，都相當用心。然而同樣的作法，卻未必人人有效，有些準媽媽天天聽胎教音樂，但寶寶出生後仍舊愛哭鬧；有些準媽媽明明每餐都吃不少，但肚子裡的寶寶就是比較小；更嚴重的是，有些準爸媽明明身體都很健康，但產檢竟發現胎兒畸形而不得不引產！到底是哪裡出了問題？想要成功孕育健康寶寶，到底要如何「養胎」呢？

養胎第一步，請先給孩子一個無毒的成長環境

在現代，養胎的重點和過去大不相同。在過去，老祖宗強調的是「給予營養」那是因為古人絕大多數蛋白質營養不良，但在現代，我們真正該重視的是「不給毒素」！美國環境工作小組曾檢測十胎兒的臍帶血，發現這些新生兒的臍帶血中，有毒物質皆超過兩百種。

因此，在上一章節中，我提醒大家，飲食和環境中的許多毒素對孕婦、胎兒和嬰幼兒健康皆有非常大的影響。要知道，胎兒成長的養分來自母體，所以懷孕期間的飲食管理和生活方式，絕對是「養胎」重點。英國產前護理協會所公布的數據顯示，懷孕前改善飲食習慣和減少毒物暴露的健康計畫，可以讓先天缺陷比例降至一％以下；美國「預防先天缺陷全國網」也指出，如果爸媽改善飲食並減少有毒物質的暴露量，便可減少五〇％的先天性缺陷。由此可知，想成功孕育健康寶寶，讓孩子贏

在起跑點，第一步要做的，就是透過飲食和環境管理，給孩子一個無毒的成長環境。

到底準媽媽該怎麼做才能給孩子無毒的成長環境？又要怎麼吃，才可以養胎又照顧健康呢？請準媽咪們依照以下三大孕期養胎術，打造優質先天環境，為媽媽和胎兒提供最佳養分：

① 好飲食＋優環境↓無毒最好孕

② 養胎八大營養素↓胎兒更健康

③ 準媽咪健康計畫↓孕期好生活

CH4 孕期養胎術①好飲食＋優環境，無毒最好孕

懷孕初期的胎兒對毒素的敏感度數千倍於成年人，極微量的毒素就可能造成新生兒智力低下、畸形、癌症、矮小等後果，因此孕期養胎的第一個重點就是「避免毒害」！本章我特別歸納出簡單且立刻就能達成的孕期食安二要訣，只要再小心避開第一章所提到的五大飲食毒素，相信就能幫助準媽咪吃的安心，護胎兒健康成長。

孕期食安要訣(一)

避免外食，控管食材品質

掌握孕期食安的第一步非常簡單，就是「避免外食」，盡量只吃自己準備的食物。這些年來一連串的食品安全事件後，許多人開始重視食安，但弔詭的是，民眾外食次數卻沒有因此減少，而是開始挑選餐廳，選擇看起來較有保障的高級餐廳或飯店用餐。但這樣做，其實只是讓自己心安，而無法真的保障我們的飲食安全，因為即使是五星級飯店，也可能不洗菜，你真能吃的安心嗎？尤其是正在懷孕的準媽媽，親自確認吃下肚的每一項食物來源，才能真正減少飲食的不確定因素，給肚中寶寶一個健康成長環境（如何掌握飲食安全詳見拙作：《食在安心》）。

我也明白，完全禁絕外食的確有困難，即使小心如我，也有不得不參與的宴席應酬，這時該怎麼辦呢？建議準媽咪要掌握左表「趨

無法避免外食時，掌握「趨吉避凶」的選菜技巧

指台灣香菇，大陸菇可能有福馬林，須注意！

趨吉選	海帶	地瓜葉	香菇	茄子
趨吉選	蘆筍	過貓	捲心菜	筊白筍
趨吉選	川七	番茄	地瓜	竹筍
趨吉選	洋蔥	優酪乳		

買便當送的乳酸飲料，多數沒有益生菌認證，不建議飲用。

避凶忌	生菜沙拉	容易引起寄生蟲 & 細菌感染。
避凶忌	油炸食物	食物會產生多環芳香碳氫化合物（PAH）的致癌物。 其實不只油炸，只要是高溫烹調，如燒烤、煎烤的食物都該避免。
避凶忌	乾扁四季豆（或其他豆菜料理）	農藥殘留特別高→豆菜類的農藥殘留不合格率幾乎年年高居第一，是所有蔬菜中最危險的，因此所有豆菜類，如敏豆、荷蘭豆都最好別吃。
避凶忌	魷魚炒芹菜	農藥殘留特別高→芹菜是非十字花科蔬菜中農藥殘留含量最高的菜。
避凶忌	蠔油芥蘭	農藥殘留特別高→芥蘭是十字花科中農藥殘留含量最高的菜。
避凶忌	小黃瓜料理	農藥是從根部吸收，即使去皮也沒有用；以為去皮就等於去農藥，反而會因此吃進大量毒素。
避凶忌	糖醋魚	不新鮮的風險高→基於成本考量，餐廳會把新鮮的魚清蒸，不新鮮的魚才做成糖醋或紅燒等重口味料理。
避凶忌	鳳梨蝦球	大多數餐廳的蝦球都會浸泡硼砂或磷酸鹽，使蝦球口感更加「爽脆」。
避凶忌	薑絲大腸	使用醋精。醋精並不是釀造醋，而是一種冰醋酸或過醋酸，原本是醫院裡用來清洗洗腎機的溶劑，因為又酸又便宜而廣受餐飲業喜愛。
避凶忌	煙燻肉品（熱狗、火腿、香腸、醃肉、臘腸）	含致癌的亞硝酸鹽。所有經煙燻、鹽醃或添加防腐劑的加工肉品，如火腿、香腸、醃肉和臘腸等，製作時都會添加亞硝酸鹽，有致畸胎風險。

吉避凶」的選菜技巧：不吃容易加藥或遭受汙染的高風險食材，並且選擇相對安全的食材。

孕期食安要訣(二)

慎選食材，蔬果魚肉米蛋奶醬聰明買

想要將飲食毒素風險降到最低，除了「避免外食」，準媽媽們還得「慎選食材」，才能真正吃得安心。該怎麼選呢？讓我們從掌握生活中最基本的蔬果魚肉醬料開始！

無毒好孕·蔬果這樣買！

①不碰10大農藥殘留不合格的蔬果

選購蔬果第一步，就是少碰農藥殘留量高的蔬果。根據農委會農業藥物毒物試驗所資料，可以發現有些蔬果的農藥殘留檢驗常常不合格（見左頁表），例如四季豆等豆菜類，不僅每一年的不及格率都高達八成，而且不合格次數和農藥殘留狀況都相當嚴重，幾乎年年高居一、二名，是所有蔬菜中最危險的食材；此外，前十大農藥殘留不合格的蔬果，每一項都有多種農藥殘留問題，而且最高可驗出超過三十種以上的農藥殘留，自然是準媽媽們首要的忌口名單。

②避免颱風前搶購蔬果

台灣高達九十八%的蔬菜會使用農藥，正常情況下，農民會在採收前暫停使用農藥，讓農藥在自然界中自然分解，以降低濃度。若碰上颱風，農民只好先行採收，換句話說，颱風前搶收的蔬果農藥殘留濃度可能比較高，所以這時寧可暫時少吃甚至不吃，一窩蜂跟著搶購青菜，反而會把大量的農藥吃下肚，是最不智的行為。

③選購經逐批檢驗產品

很多人為了健康而選購有機農產品，不過

台灣蔬菜農藥殘留不合格 TOP10 排行榜

排名	品項	3 年來檢驗不合格次數	農藥殘留狀況
No.1	豆菜（包含敏豆、四季豆、長豆）	97 次	☠超過 30 種以上農藥成分殘留
No.2	豌豆莢（含荷蘭豆、甜豆莢等圓豆與扁豆）	48 次	☠17 種農藥成分殘留 ☠四氯異苯腈毒性高、屬極可能致癌物 ☠長期食用恐引發胃癌、腎癌
No.3	甜椒（彩椒）	37 次	☠25 種以上農藥成分殘留 ☠芬普尼是一種殺菌劑，長期暴露會傷腎、傷肝，恐致甲狀腺腫瘤
No.4	小黃瓜	29 次	☠9 種農藥成分殘留 ☠加保扶，俗稱好年東，會被作物根部吸收，無法洗淨，有劇毒性，傷害神經與生殖系統，美國已禁用
No.5	萵苣（含 A 菜、大陸妹、油麥菜、蘿美）	27 次	☠16 種農藥成分殘留 ☠亞滅培是一種新尼古丁類的新型殺蟲劑農藥，會刺激神經
No.6	青江菜	21 次	☠14 種農藥成分殘留 ☠佈飛松屬有幾磷農藥，具神經毒性，會導致兒童過動及注意力不集中，出現成人焦慮
No.7	小白菜	21 次	☠12 種農藥成分殘留 ☠賽滅寧屬除蟲菊精的一種，雖是低毒性，但對動物仍具致肺腫瘤風險
No.8	青椒	18 次	☠14 種農藥成分殘留
No.9	番茄	14 次	☠7 種農藥成分殘留 ☠百利普芬為一種殺菌劑，具神經毒性
No.10	油菜（小松菜）	13 次	☠8 種農藥成分殘留 ☠得克利是殺菌劑，為環境荷爾蒙，可能致癌

外食族的一天都在吃毒！

為了寶寶，請立刻開始學會「自煮」！

無法掌握黑心油、農藥、重金屬等食材風險，而且高熱量又重鹹也是大問題。

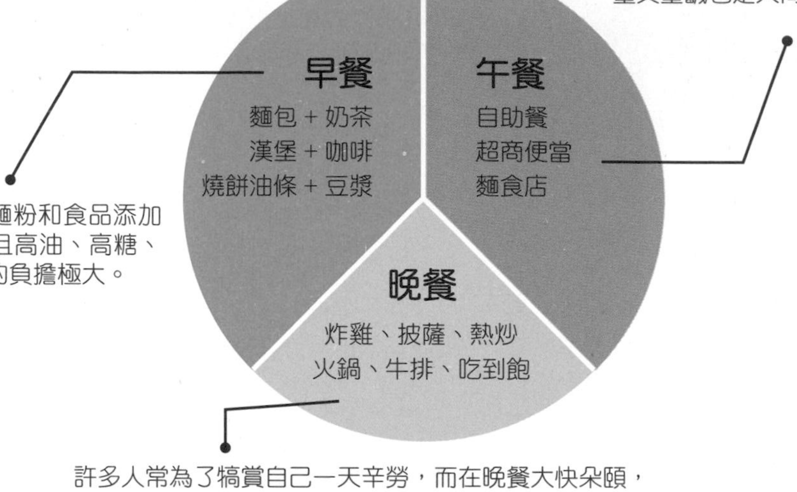

黑心油、黑心麵粉和食品添加物等風險！而且高油、高糖、多鹽，對身體的負擔極大。

許多人常為了犒賞自己一天辛勞，而在晚餐大快朵頤，不僅攝取過多熱量，同時也吃進大量毒素！

我同時要提醒大家，有機農產品並不等於「百分百無農藥」或「可現採現吃」，根據跨國檢驗室的內部資料，有機蔬菜有二〇%可以測到農藥、有機水果二十五%有農藥。最好選購經過逐批嚴格檢驗的食物才能真正吃出健康。

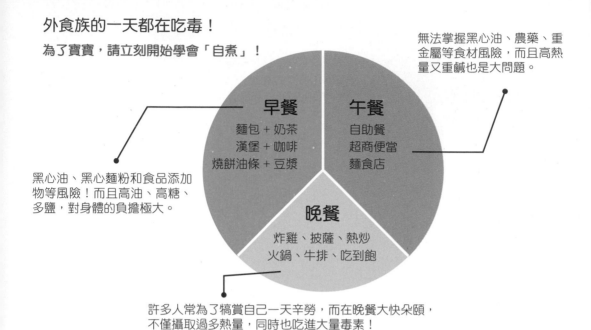

無毒好孕・漁獲這樣買！

① 看顏色→色澤太紅太白都別買

現代人常「以貌取食」，以為顏色鮮艷、看起來Q彈就是鮮美，其實未必如此。看起來好看的顏色，很可能是加了漂白劑或經過染色處理，像過白的魩仔魚、加了蝦鮮或泡過「吊白塊」的蝦子、或是以一氧化碳「美化」處理而顯得肉質粉嫩鮮美的鮭魚或鯛魚等。

許多人一聽到這些「內幕」，往往只會怪魚販黑心，事實上我認為這不能全怪魚販，他們不過是為了迎合消費者的眼光和需求罷了，因此想杜絕業者加工，首先就是要改變「以貌取食」的習慣。

②聞味道→魚鰓是否有刺鼻味？

過去人們在買魚的時候，習慣看魚的眼睛是否明亮、魚鰓是否鮮紅，其實這種方法已經沒有用了，因為只要浸泡化學藥劑就能克服，例如在漁獲中加入二氧化硫和甲醛，這種方式不僅可以保鮮，而且還可以保色，使魚的眼睛永遠透明光亮、鰓永遠鮮紅、皮不起黏液、魚肉有彈性。

我們若食用這類化學保鮮的漁產，可能會引起皮膚炎、紅斑、咳嗽、暈眩、頭痛、視力模糊等問題；其中甲醛不僅會刺激人體黏膜、皮膚並傷害肺部，還是人體A級致癌物，即使吃進去的量沒有到需要就醫的症狀，長期下來也會有嚴重的慢性傷害，嚴重的話甚至可能造成長期昏迷或死亡。

所以買魚時唯一有效的判斷方法就是「掀起魚鰓、用鼻子聞」，因為泡過甲醛的魚，外觀與氣味都和一般新鮮的魚無異，唯有像個小房間般的魚鰓部位會稍微凝聚甲醛的氣味，假如掀起魚鰓聞起來有些腥味，就表示不新鮮，而若有些刺鼻味，就表示可能浸泡過化學藥劑。

③重溫控→沒有溫控小心防腐劑

安全的魚怎麼買？

買魚最好買「經過檢驗的魚」，或向信任的養殖魚場購買才安全。魚的檢驗項目至少應包含：重金屬、孔雀石綠、多氯聯苯，戴奧辛、抗生素和農藥。此外，一般檢查常採取「抽檢」方式，我認為這是不夠的，應該要「每批都驗」：利用魚給藥的均勻性，做到逐批檢驗，就能確保安全。

什麼是均勻性呢？以養殖魚來說，同一池的魚就具有均勻性，一旦有問題，通常整池的魚都會波及，檢驗時絕不會只有一隻有問題；野生魚也一樣，因為魚群具有生物群聚特性，因此「同地點（含深度）、同時間捕獲的同一種魚」亦具有均勻性，所以只要每批檢驗即可。

魚比肉更容易腐敗，尤其台灣傳統市場賣的魚在秤重前不去鰓及肚，通常三小時內就會因為細菌繁殖而爆肚，如果販售的地方又沒有冷凍、冷藏設備，非常可能是使用化學防腐，當然不可以購買。此外，我認為吃急速冷凍的魚其實比吃現撈的安全，因為超低溫急速冷凍可殺死魚類身上九九%的寄生蟲，假如搭配真空包裝，還可進一步避免魚的脂肪接觸空氣而氧化變質，品質更有保障。

無毒好孕．肉品這樣買！

①豬肉↓五花油脂不可太薄

購買豬肉時，不妨看看它的五花肉的肥油是否只有薄薄一層，如果是的話，就代表可能有瘦肉精或餵餿水（可省飼料，但易含A級致癌物「黃麴毒素」）的風險，最好避免購買。

②牛肉↓一定要真空包裝

市場販售的牛肉，大多是餵食穀物的穀物牛，其肉質中的飽和脂肪酸已經高達八〇%，是豬肉的兩倍（見左表），倘若不是真空包裝，肉會持續氧化，飽和度也會跟著提高。醫學研究顯示，飽和脂肪對心血管疾病的影響，並不亞於膽固醇，澳洲甚至有研究指出，一餐富含飽和脂肪的飲食就能損害人體動脈，讓心臟病和中風的發生率大幅提升。

不買不吃肝、腎、肺！

動物的肝臟、腎臟是代謝毒物的器官，一旦添加藥物，這些部位的含量最高，所以除非是經過檢驗的，無論是豬、牛、雞，肝臟、腎臟都最好別吃。

豬肉＆牛肉的飽和脂肪酸含量

肉品別	飽和脂肪酸含量
豬肉	40%
草食牛	60%
穀物牛	80%

換句話說，吃下一塊含九〇%以上飽和脂肪的肉，即使不考慮瘦肉精、抗生素、狂牛症等因素，將近一〇〇%的飽和脂肪酸其實也很「毒」，建議孕產婦最好少吃牛肉，非不得已的時候，至少要選購真空包裝的肉品，以降低飽和脂肪酸的攝取。

③雞肉→雞腿骨太細的雞千萬別買

雖然雞肉含膽固醇較低，不過由於台灣的雞大多是養殖的肉雞，因此常見添加藥物。我花了很久的時間才找到符合我的標準，檢驗合格的豬肉，雞肉又比豬肉晚了一兩年，可見要找到檢驗合格的雞肉，困難度相當高，而且和其他肉品一樣，雞有沒有用藥很難從外觀來判斷，唯一可以留意的就是，如果因過度用藥而導致雞隻快速生長，就會出現長肉不長骨的現象，也就是骨骼會顯得比較細，但肌肉組織卻相當肥厚，這一點在雞腿部位特別明顯，所以若吃到骨頭細小但肉卻很多的雞肉，就表示可能是「藥養雞」，最好別吃。

無毒好孕・麵條醬料這樣買！

①麵條、麵粉、麵製品→顏色微黃、有淡淡麵粉味

購買麵條、麵粉等麵製品，一定要先看顏色。正常的麵製品是微黃色，顏色太白的麵條可能經過漂白或增白。其次可以聞一聞，正常麵製品應該只有清香的麵粉味，有異味甚至刺鼻味的就有問題。此外，麵製品放入冰箱後顏色會稍微變暗，冷藏大約可保存五至七天，冷凍最多也只能存放一個月，如果長時間放在常溫下都不腐壞，或是冷藏數月都不會壞，就可能大有問題。

②蛋→氣室小、體積小、蛋殼粗

選蛋的第一步就是將蛋對著光看，透過光線「觀察蛋的氣室大小」。如果氣室越大，代表越不新鮮，因為無論是否有受精，蛋的

細胞都是活的，因此時間越久，氣室就越大，其營養價值也會跟著降低。假如無法仔細一一觀察氣室，則建議挑選體積小、蛋殼粗的蛋，因為年輕母雞的蛋比較小、蛋殼比較粗，但營養價值卻比較高，而老母雞的蛋不僅大，且蛋殼平滑，雖然看起來較討喜，不過營養價值卻比較差。

此外，蛋的保存溫度也很重要。由於蛋可以放很久，許多店家會以常溫保存，蛋雖然沒有壞，不過因為蛋黃細胞會消耗養分，溫度越高代謝越快，所以室溫儲藏會造成營養耗損，建議最好要冷藏保存。要特別提醒的是，市面上有種經過水洗封蠟的蛋（一般稱為洗選蛋），這種蛋雖然可以降低禽流感等病毒的感染風險，但不耐久放，所以選購時務必要注意保存期限，並藉由觀察氣室來確定蛋的新鮮度。

③ 醬油↓搖晃後泡泡可維持約24小時、使用玻璃瓶裝

二〇一三的毒醬油事件爆發後，民眾開始重視醬油的品質，也願意多花點錢購買釀造醬油，然而市面上醬油包裝琳瑯滿目，不少標示「純釀造」的醬油，實際上還是加了不少化學添加物，到底該怎麼看，才能買到安心的醬油呢？其實挑選醬油並不難，只要掌握左頁六步驟。

接下來，我為準媽媽揪出無毒好孕的第二個重點：避免環境毒害。作法同樣是運用本章所提出的兩大行動，再小心避開第二章所提到的四大環境毒素即可。

環境防毒行動(一)
揪出空氣中的汙染源

對準媽媽們來說，一定要留意空氣殺手，也就是第二章所提到的懸浮微粒、揮發性有機化合物，以及洗澡、烹調時存於水蒸氣中的三鹵甲烷，另外，還要特別注意「菸害」。

醬油採購 6 步驟

1 看瓶子	由於釀造醬油沒有添加防腐劑，一定要經過高溫殺菌、高溫裝填，所以只能使用玻璃瓶、金屬蓋封裝；而化學（化製）醬油則以塑膠瓶居多。
2 看泡沫	搖晃醬油瓶觀察醬油所產生的泡沫，釀造醬油的泡沫多、細緻且不易消失，而化學（化製）醬油的泡沫大且少。
3 看沉澱	釀造醬油瓶底可能會有豆渣沉澱，化學（化製）醬油則沒有。
4 聞味道	釀造醬油不僅有溫和的豆麥香，且因為是發酵產品，所以有時還會有微微酒香；而化學（化製）醬油不僅沒有豆香，劣質醬油聞起來還有些刺鼻。
5 易發霉	釀造醬油沒有添加防腐劑，開瓶後常溫下容易發霉，因此必須冷藏並盡速食用；而化學（化製）醬油開瓶後常溫存放數月也沒問題。
6 試味道	釀造醬油會越煮越香，除了鹹味外還會微微回甘。舌頭敏銳的人用舌尖沾一點，可以感到層次分明；但化學（化製）醬油純粹只有鹹味。

因為無論是準媽媽自己抽菸，抑或是存在環境裡的二手菸和三手菸，對準媽媽、胎兒和嬰兒，都會造成極大的傷害。美國 Pediatrics 兒科學的研究報告已明確指出，黏在衣服、家具、窗簾或地毯上三手菸，至少有十一種高度致癌化合物，會造成兒童認知能力的缺陷，增加嬰幼兒哮喘機率以及中耳癌的風險。

此外，吸菸會降低媽媽血液中的催乳素含量，導致乳汁分泌減少，而且香菸中的尼古丁會隨著煙霧進入母親的血液，再透過血乳屏障進入乳汁，而進入嬰兒體內的尼古丁，會降低嬰兒頸動脈中的多巴胺含量，使嬰兒自身對抗缺氧事件的能力降低，是嬰兒猝死綜合徵的重要危險因素。

環境防毒行動(二)

消滅水中的汙染源

打造無汙染環境的第二行動，就是利用淨

水設備，以消除水中毒素。首先第一步，是在分送自來水到家中的管線加裝三鹵甲烷過濾器，以過濾三鹵甲烷和氯，接著在廚房裝設淨水設備，用以消除重金屬及環境荷爾蒙等有害物質。

各活動 PM2.5 暴露濃度分布示意圖

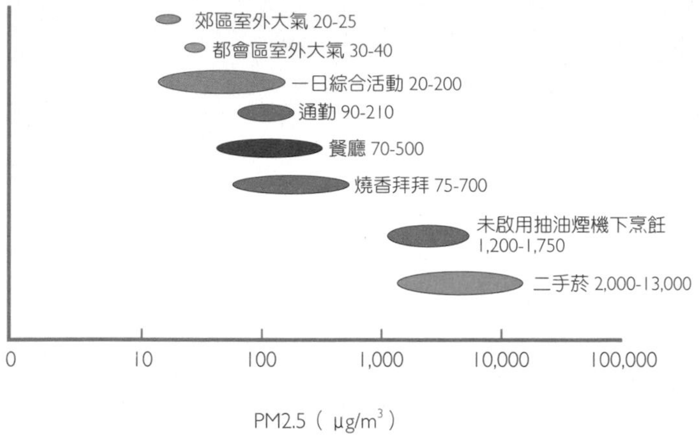

然而，市面上淨水設備，光是過濾方法就有電解、蒸餾、活性碳、逆滲透、紫外線等多種，到底該選哪一種好呢？其實這些過濾方式，每一種的過濾能力都不同，所以若想要家中用水安全無虞，最好的方式就是經過選擇「逆滲透」，不過最好的逆滲透淨水系統，是過濾後不儲放而直接使用，以避免濾淨的水因為沒有抗菌力而在儲水桶中長出大量細菌。假如是有儲水桶的逆滲透系統，裝過濾水的儲水桶最好是不鏽鋼製，且不可以內含壓力球，否則已經淨化的水又會受到壓力球等塑化劑的二次污染。

環境防毒行動(三)

避免接觸的汙染源

最後要特別提醒準媽媽注意透過皮膚侵入的毒，因為生活中可從皮膚和黏膜侵入人體的毒素來源很多，例如牙膏、漱口水、沐浴乳、洗髮乳等，而女性的愛美行為，包括保養、化妝、噴香水、染燙頭髮、擦指甲油等，更會提高中毒風險，因此請準媽媽在使用這類產品時，務必掌握「二要三禁」原則，以降低有毒物質的侵害。

① 要→用沐浴皂代替沐浴乳、洗髮精

沐浴乳、洗髮精等乳狀清潔劑都會添加界面活性劑，藉以用水攜走油脂汙垢，達到清潔效果，然而界面活性劑大都含有壬基酚，會嚴重危害我們的生殖與神經系統，相較之下，沐浴皂會安全的多。

② 要→注意保養品和化妝品成分

保養品或化妝品的成分種類越簡單越好，最好挑選無香料、無香精、無色素、無防腐劑的產品，其中要特別注意避免的成分有：

★A酸、A醇、A醛，英文名稱：Differin, Adapelene, Retin-A, Renova, Tretinoin, Retinoic Acid, Retinol, Retinyl Linoleate, Retinyl Palmitate, Tazorac and Avage, Tazarotene, Adapalene, Isotretinoin, Azelaic acid, Vitamin A Acid, Retinal

這類成分可能導致刺激、過敏、光毒性、甚至胚胎基因突變，有畸形兒的風險。

★水楊酸、B酸，英文名稱：Salicylic acid, salicylate, 2-hydro-xybenzoic, Beta hydroxy acid, BHA

這類成分使用過量，可能會造成懷孕初期出血、胎盤剝離，懷孕後期則可能造成動脈導管阻塞。

★塑化劑、鄰苯二甲酸鹽、定香劑、苯甲酸酯類、防腐劑，英文名稱：Plasticizer, di（2-ethylhexyl）phtha-late，Dibutyl phthalate, DBP, DEHP、Paraben, Methyl paraben, Ethyl paraben, Propyl paraben, Isopropyl paraben, Butyl paraben, Isobutyl paraben

這類成分為環境荷爾蒙，會干擾男性及女

性荷爾蒙的作用，影響胎兒健康&傷害孩子的智力，並且造成性早熟現象。在歐盟可以販售的化妝品都不得含有塑化劑，但是其他如美國管控就比較鬆散。

★苯氧乙醇，英文名稱：Phenoxyethanol

可能會造成寶寶染色體轉變、基因變種、睪丸萎縮。

①禁↓染燙頭髮

孕婦不適宜染頭髮，因為染髮劑會被皮膚吸收，而且對嬰兒有毒。美國、歐洲的公共衛生部門對一百多種染髮劑進行過檢測，結果顯示將近九〇%的染髮劑含硝基苯、苯胺等有毒化學物質。這些物質容易被皮膚吸收，對人體產生危害。

如果長期使用染髮劑，只要一%被皮膚吸收進入人體，就會蓄積中毒。有害化學物質與細胞結合，引起DNA受損，誘發細胞突變，從而產生皮膚癌、膀胱癌、白血病等。美國癌症學會便曾針對一・三萬名染髮婦女進行調查，即果發現她們患白血病數是未染髮婦女的三・八倍，而且患淋巴瘤的機會增加七〇%。

②禁↓噴香水

早在二〇〇八年時，英國愛丁堡大學的研究就已經發現部分香水的成分，可能具有生物效應，懷孕期間暴露於這些香水中，可能會導致孩子將來不孕，而這種風險在男嬰尤其明顯，因此懷孕期間最好暫停使用香水。

③禁↓擦指甲油

指甲油中含有大量的有機溶劑、乙酸乙酯、鄰苯二甲酸酯等，才能讓指甲油具有很高的顯色度和持久力，然而這些都是對胎兒不利的有毒物質，所以為了寶寶健康應儘量避免。

CH5

孕期養胎術② 養胎8大營養素→胎兒更健康

在過去，孕期養胎的重點都強調「一人吃，兩人補」，鼓勵孕婦多吃點，認為孕期飲食可是要吃兩人份，而孕婦也會將自己突然旺盛的食欲，想成是「寶寶想吃」，把「怎麼吃還是覺得餓」的情況視為理所當然，結果許多準媽媽在懷孕期間越來越胖，而肚子裡的寶寶卻可能營養不良！

懷孕期間吃錯「重點」

小心胖媽媽、瘦寶寶

不僅如此，還可能引發其他問題，例如提高準媽媽罹患妊娠糖尿病、妊娠高血壓和子癲前症（或稱「妊娠毒血症」）的風險。即使順利生產，孩子的基因和腦部發育也會受到以下影響：

① 使孩子成為先天易胖體質

研究發現，準媽媽在懷孕期間如果體重增加過多，可能會導致新生兒DNA甲基化而改變遺傳表現，造成胎兒易胖。

② 使孩子更渴望高熱量、高脂肪食物

澳洲阿得雷得大學研究發現，媽媽在懷孕時若常吃高脂和高卡路里的垃圾食物，生下來的小寶寶會分泌較多的腦內啡；由於腦內啡與嗎啡受體結合才能產生愉悅感覺，在這些孩子的嗎啡受體已習慣較高劑量腦內啡的情況

下，不僅必須比別人吃更多才會感到愉悅，而且對高熱量、高脂肪食物也會感到更加渴求。

③ 使孩子容易有焦慮、抑鬱情緒

杜克大學的斯塔奇．比爾博（Staci Bilbo）博士的動物實驗發現，懷孕母親如果有高脂飲食習慣，會引發發育中胎兒的腦部發炎，導致後代有焦慮和過動的情形；亞特蘭大埃默里大學醫學院的康斯坦斯．哈勒爾（Constance Harrell）研究也顯示，高糖飲食可能會加劇青少年的抑鬱症狀。

步驟(一) 控制熱量

確保孕期體重不超標！

究竟該怎麼吃，才能養胎不養肉呢？準媽媽想要不養肉，第一步就是「控制熱量」，了解自己在懷孕期間的體重正常增加速度以及孕期所需的熱量，才能知道自己有沒有吃太多、胖太快，將孕期的體重控制在標準範圍。

根據孕前ＢＭＩ了解孕期理想體重

孕期體重增加多少才適當呢？孕期體重的增加幅度會因人而異，真正適合自己的孕期理想體重，應根據女性尚未懷孕前的ＢＭＩ值來調整。根據美國國家醫學研究機構（ＩＯＭ）建議[1]，ＢＭＩ值在十八・五以下的準媽媽，體重過輕，懷孕期間可以增重到十三至十八公斤；ＢＭＩ值落在十八・五至二十四・九的範圍內，懷孕期間可增加十二至十六公斤；ＢＭＩ值落在二十五至二十九・九超過的準媽媽，建議增重七至十二公斤，假如是ＢＭＩ值超過二十五的準媽媽，則建議增重五至九公斤即可。

一般來說，懷孕初期（〇至三個月），體重並不會增加，控制在〇到兩公斤內都屬於正常，有些媽媽甚至因孕吐影響，體重還會輕微下降，這都算正常範圍；等到進入第二、三孕期，每周體重增加速度便可以依據孕前的ＢＭＩ指數推算出「每周應增加的體重」，ＢＭＩ指數正常和偏瘦的準媽媽，建議每周以〇．四到〇．五公斤的速度逐漸增加，ＢＭＩ指數較高的準媽媽，每周增重的速度維持在〇．三到〇．一公斤即可。

孕期理想體重速查表

孕前 BMI 值	整個孕期應增加的體重（kg）	懷孕第 2、3 期，每周應增加的體重（kg）
< 18.5	13~18	0.5
18.5 ~ 24.9	12~16	0.4
25 ~ 29.9	7~12	0.3
>30	5~9	0.1

算算看！準媽媽小雯懷孕後，體重應該增加多少？

體重 BMI 指數 = 體重（公斤）÷ 身高 ×2（公尺）

小雯孕前體重為 55 公斤，身高 160 公分

→孕前 BMI 指數 =55÷(1.6×1.6)=21.48

→透過「孕期理想體重速查表」可知：

小雯自第二孕期開始，每周應增加 0.4 公斤，整個孕期的理想增重為 12~16 公斤。

配合孕期3階段，調整熱量攝取

算出自己孕期的理想體重後，準媽媽還得了解孕期到底該增加多少熱量，才能適當飲食。美國國家醫學研究機構（IOM）建議，孕期應增加攝取多少熱量，會隨著孕期三階段調整，分別是：

★懷孕初期（0～3個月）

每日需增加的熱量：不需增加熱量，維持和孕前相同即可

需加強攝取的營養素：葉酸

懷孕前三個月是胎兒器官的分化期，此時胎兒對營養的需求還不高，所以準媽媽只要維持正常的熱量即可。

要特別注意的是，這個階段的體重理想下只能增加一到兩公斤，如果胖太多，大多都會胖到準媽媽自己，所以最好每天記錄體重，以防失控。此外，如果孕婦缺乏葉酸，容易造成胎兒先天性神經管缺陷，所以懷孕初期（或是有計畫懷孕時即可提前開始吃）建議加強葉酸補充。

★懷孕中期（4～6個月）

每日需增加的熱量：約300大卡

需加強攝取的營養素：鈣質、纖維質

懷孕中期，胎兒身體各個器官會開始快速發育，建議每天增加約三百大卡的熱量，來滿足胎兒的需求。

由於這個階段的胎兒需要較多的鈣質幫助骨骼及大腦的發育，所以準媽媽須注意是否攝取足夠鈣質。此外，很多孕婦從中期就會出現便秘困擾，建議多攝取一些高纖維的食物，並配合適量運動，以幫助排便。

★懷孕後期（7個月以後）

每日需增加的熱量：約500大卡

需加強攝取的營養素：鈣質、鐵質、纖維質

懷孕後期細胞開始快速分化，胎兒各器官都已生長齊全，肺和腸胃也趨成熟，這時是胎兒迅速長大的重要時刻，每日應增加五百大卡的熱量。

此外，懷孕後期除了仍需要積極補充鈣質和纖維質，同時還要加強鐵質攝取，因為無論自然產或剖腹產，媽媽在生產過程中，一定會流失血液，再加上產後會透過母乳滿足寶寶鐵質的需求，因此鐵的補充相當重要，請務必注意。

步驟(二) 吃對食物、補對營養 才能「一人吃、兩人補」！

孕期飲食的重點，除了不養肉外，更重要的當然是養胎，也就是吃對食物、滿足胎兒成長所需的營養。因為熱量不等於營養，如果每天吃速食炸雞，或是餓了就吃餅乾、灌珍奶，即使攝入體內的熱量破表，但準媽媽和胎兒仍會營養不良，對健康產生非常大的影響。國際權威胎兒發展研究「都哈」（Developmental Origins of Health and Disease，DOHaD）學說便指出，孕婦在孕期營養攝取若不均衡，不僅會引起胎兒發育失調，還會提高孩子將來罹患各項疾病的風險，影響孩子一生的健康。

我認為，懷孕時期的營養基礎還是以均衡攝取六大類食物為主，只要再針對準媽媽與胎兒的需求加強即可。這些加強補充的營養，請盡可能從「天然食物」中攝取，如果真有不足時，再透過保健食品來補充。

孕期營養應以均衡飲食為基礎，再針對好孕元素做重點加強

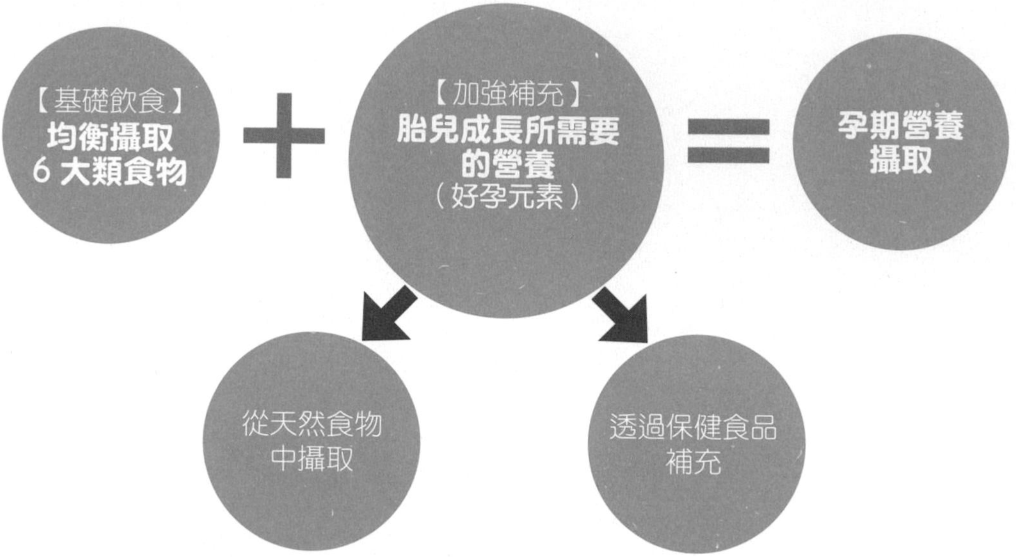

好孕營養素① 蛋白質

建構胎兒器官、肌肉組織的關鍵營養素

孕期需要攝取量：每日46至71公克。

補充方式：

★從天然食物中攝取：建議可多吃肉、蛋、奶和豆類食品，其中以魚類蛋白質最佳。

孕期蛋白質不足，準媽媽容易感到飢餓

蛋白質是細胞分化與建構胎兒身體器官、血液、肌肉等組織不可缺少的營養素，更是人體大腦複雜活動不可缺少的基本物質，還會影響胎盤發育、羊水生成、子宮增大，以及媽媽本身循環血液量的增加和餵哺母乳前的準備，對胎兒成長影響很大，此外，還能減少準媽媽的妊娠紋，因此，每個孕婦在整個懷孕期間內都應該加強攝取蛋白質。

假如攝取量無法滿足胎兒成長需要，準媽媽會容易感到飢餓，這時若只吃麵包、餅乾、

米飯或麵食，雖然暫時可以獲得飽足感，但由於沒有攝取蛋白質，往往很快又會感到飢餓。長期下來，會導致媽媽越來越胖，但寶寶卻可能營養不良的情況，因此從懷孕初期開始，即使還不需要增加熱量，仍應開始增加蛋白質的攝取。

哪些食物含有蛋白質？

- 肉類：魚肉、牛肉、羊肉、雞肉等，其中又以魚類蛋白質為最佳選擇。
- 蛋。
- 奶。
- 豆類：豆腐、豆漿。

魚類蛋白質，可降低早產、過動症風險

蛋白質的主要來源是肉、蛋、奶和豆類食品，其中又以魚類蛋白質為最佳選擇。因為魚類蛋白質轉化成人體蛋白質的轉化率比肉類多一倍，而且還是更好的優質蛋白質，能夠在人體內發揮高吸收率與被利用率。此外，魚類蛋白質對胎兒的發育和健康更是好處多多。

二〇〇七年一項對一萬一千八百七十五名孕婦的調查顯示，懷孕期間每周吃魚三百四十克以上的孕婦，其孩子在智力和生理表現上，明顯較其他孩子優異。

此外，有研究發現，孕婦每周攝取兩份魚類，和不吃魚的孕婦相比，孩子出生後罹患過敏疾病的機率可降低三分之一[2]；出現過動症的風險可降低六〇%[3]。二〇一六年更有研究指出，懷孕期間多吃小型且富含油脂的魚，早產機率比較低，胎兒發育也比較好（身體較長但不會較重，且頭圍較大）[4]。

好孕營養素② 葉酸

影響胎兒神經發育的關鍵營養素

孕期需要的攝取量：每日400微克至1毫克（從孕前開始至哺乳期結束）

補充方式：

★從天然食物中攝取：多吃深綠色蔬菜、肉、堅果、核果等富含葉酸的食物。

★搭配保健食品加強：以飲食最多獲取200微克推算，每日仍須服用400至800微克。

葉酸是懷孕初期最重要的營養素，必須從孕前開始補充

葉酸是胎兒神經發育的關鍵營養素。由於胎兒神經發育是從懷孕初期（前三個月）開始，若是缺乏葉酸，容易導致胎兒神經發育缺陷，增加畸形（例如胎兒無腦症）的發生率；此外，孕婦補充葉酸，還可以防止新生兒體重過輕、早產等情況，由此可知葉酸在孕期的重要性。

一般來說，葉酸須經由食物攝取，然而我們每日平均從膳食中僅能獲得五十至兩百微克的葉酸，攝取量遠不能滿足孕婦需要，再加上天然食物中所含的葉酸並不穩定，往往會在儲存、加工和烹飪的過程中大量流失，因此建

哪些食物含有葉酸？

- 深綠色蔬菜、葉菜類蔬菜：菠菜、花椰菜、甘藍芽、龍鬚菜、地瓜葉、小白菜、高麗菜、萵苣、黃豆、玉米、鷹嘴豆、豌豆等。
- 水果：橘子、哈密瓜、香蕉、葡萄柚、草莓、柳橙、番茄等。
- 肉類：動物的肝臟、腎臟，禽肉及蛋類，如牛肉、羊肉、豬肝、雞肉等。
- 堅果類食品：核桃、腰果、栗子、杏仁、松子等。

議孕期除了多吃含有豐富葉酸的食物外，還必須經由保健食品補充。根據二〇〇七年 SOGC CPG 建議，準媽媽每天需攝取四百微克到一毫克葉酸[5]，以天然食物攝取最多兩百微克來看，準媽媽每日必須服用含四百至八百微克葉酸的營養補充品，才能滿足寶寶生長需求和自身需要。

值得一提的是，由於補充葉酸的目的是為了預防胎兒神經發育缺陷，而神經發育是又以懷孕初期（前三個月）最為關鍵，所以從計劃懷孕就應該開始加強補充葉酸，並且持續補充到寶寶出生、哺乳期結束。

此外，假如準媽媽是高風險孕婦[6]，在神經發育期間會需要更多的葉酸，因此從孕前開始到孕期前三月之間，每天攝取量須提高至五毫克，直到孕期進入第二期才能開始減量至每天四百微克至一毫克，直到哺乳期結束為止。

好孕營養素③ 鈣

讓媽媽寶寶有「好骨氣」的關鍵營養素

孕期需要的攝取量：每日1000毫克。

補充方式：

★從天然食物中攝取：多吃牛奶、起司、堅果、核果、櫻花蝦、豆腐與深綠色蔬菜等含鈣的食物。

★搭配保健食品加強：每日服用1000毫克，建議分2次、每次服用500毫克，並建議飯後服用。

孕期鈣質攝取不足，容易骨質疏鬆

人體九十九%的鈣存在骨骼與牙齒中，因此鈣質攝取最直接影響的就是骨骼的型態與質量。懷孕期間，胎兒會從媽咪身上取走成長必須的鈣質，孕婦一旦鈣質攝取不足，除了會影響胎兒骨骼的生長，也會造成本身的鈣質流失。

還有，也不能小看分散於血液中的鈣（簡稱血鈣），雖然含量僅一％，卻具有觸發體內如神經傳導、肌肉收縮、血液凝固、心臟跳動、荷爾蒙作用等生理反應的功能，所以血鈣濃度必須保持恆定，才能維持正常生理機能，一旦缺鈣，就會導致血鈣不足，促使身體從骨骼中「提領」鈣質來補充，進而加速骨質疏鬆。此外，長期破壞血鈣平衡，還可能造成高血壓、動脈硬化、退化性關節炎、骨質疏鬆症、神經退化疾病等慢性疾病。

因此，無論男女老少每日都應該補充足夠的鈣，即使還沒出生的胎兒亦然，換句話說，女性妊娠期和哺乳期，擔負著「兩個人」的營養重任，自然必須補充更多的鈣。

美國婦產科學會指出，懷孕時缺鈣（每天攝取低於六百毫克）婦女的胎兒，骨質密度遠比正常攝取鈣質者要低了十五％；一九九九年婦產科醫學期刊研究也顯示，孕婦攝取足夠鈣質，的確有益於胎兒的骨質；而且，補充鈣還可以降低孕婦破骨細胞活性[7]，使準媽媽免於骨質疏鬆的危險。

鈣片劑量並非越高越好，分次攝取才能有效吸收

補充鈣質最簡單的方法就是多吃含鈣食物，牛奶、起司、堅果、櫻花蝦、豆腐與深綠色蔬菜都含有豐富的鈣，其中又以乳鈣質吸收較好。傳統常用來補鈣的大骨湯，經香港中文大學醫學系證實，其實含鈣量極低，所以喝大骨湯其實並不能補鈣。

建議準媽媽每天攝取一千毫克的鈣，但要注意的是，由於人體對鈣質的單次最大吸收量約只有五百毫克，所以建議分次服用並且在飯後吃，比較容易被人體吸收，還可降低結石的發生率（Domrongkitchaiporn S, Kidney Int. 2004）。為了提升鈣質的吸收，補充鈣的同時還須搭配維他命D_3才有效。此外，補鈣同

時要注意，千萬不要同時補鋅，因為鈣鋅會產生拮抗作用，同時補充會導致吸收效果下降[8]，若準媽媽需要補鋅的話，無論是透過飲食還是保健食品，都應該錯開一個小時以上，才能確保有效吸收。

哪些食物含有豐富的鈣？

- 乳製品：牛奶、優格、起司。
- 堅果類食品：核桃、腰果、栗子、杏仁、松子。
- 蔬菜：菠菜、花椰菜、羽衣甘藍、白菜、龍鬚菜、地瓜葉、萵苣等。
- 其他：櫻花蝦、豆腐。

好孕營養素④鐵

人體造血＋氧氣輸送＋早期腦部發展的關鍵營養素

孕期需要的攝取量：初期每日18毫克、中期到生產每日27毫克。

補充方式：

★從天然食物中攝取：多吃動物內臟、紅肉、深綠色蔬菜以及深紅色蔬果等含鐵食物，建議搭配維他命C幫助吸收。

★搭配保健食品加強：以孕期建議量為上限進行補充，由於鈣和鐵會互相抑制，所以補充時間必須錯開。

不只造血，對胎兒早期腦部發展也很重要

鐵不僅是媽媽和寶寶體內製造血紅素的必須營養素，在能量供應系統中也扮演著重要角色，一旦缺乏就會影響紅血球的製造，且影響細胞能量的供應。孕期缺鐵，除了影響孕婦自身組織的氧氣供給，導致準媽媽容易疲倦、

暈眩、呼吸急促、臉色蒼白等現象，甚至可能暈倒發生意外，也比較容易早產。

此外，對胎兒的影響更是嚴重，因為準媽媽沒有健康充足的血液把氧氣輸送給寶寶快速成長的細胞，會造成胎兒血液含氧量不足，胎兒也會因為鐵質不足而無法製造足夠的紅血球，影響自身細胞的能量供應。加上鐵質還是促進神經遞質、髓鞘及免疫系統形成的重要成分，對早期腦部發展極其重要[9]，輕者會使寶寶發育緩慢，嚴重時將導致生長遲滯、出生體重過輕甚至導致死胎，未來被發現罹患自閉症的機率也明顯較高。

要特別注意的是，孕期補鐵除了量要足夠，補的時機也很重要。一般來說，懷孕初期（前三個月）胚胎所需要的鐵不多，不須特別增加劑量，攝取量依生育年齡女性標準，每日為十八毫克，可直接由食物攝取。只不過，台灣女性普遍有缺鐵問題，平均每六人就有一位缺鐵，因此請務必注意飲食，特別是原本就貧血的準媽媽，可和醫師討論是否需要額外補充保健品，以免因鐵質不足而影響胎兒早期腦部發育。

第二孕期開始鐵質需求大幅提高，建議補充保健品

懷孕中期開始，隨著器官發展逐漸成形，胎兒會開始自行製造紅血球，而孕媽咪本身血容量（指全身有效循環血量）也將明顯增加，這時鐵質需求將大幅提高，若準媽媽無法從食物中攝取足量的鐵，就必須適當補充保健品，確保每天攝取至少二十七毫克的鐵，才能滿足自己和胎兒所需。

尤其是孕期的最後三個月，由於寶寶出生後六個月內只能依賴母乳的營養，很難獲取足夠的鐵質，這時胎兒將會開始儲存足夠的鐵以供出生後使用，而準媽媽在懷孕後期的血流量變大，需要消耗更多氧氣，對鐵質的

需求也更迫切，加上無論是自然產或剖腹產，生產過程中一定會有血液的流失，因此這個階段絕對不可缺鐵，請準媽媽們一定要注意。

鐵質含量較高的食物，以動物性的內臟類（豬肝、豬血、鴨血等）、紅肉（豬、牛、羊）最多，植物性則以深綠色蔬菜（如：菠菜）以及深紅色的蔬果（如：紅鳳菜、紅莧菜、葡萄、櫻桃）為主。不過植物性的吸收率比動物性差，所以務必均衡攝取，並建議用餐後吃些水果，讓維他命C來幫助鐵的吸收。

哪些食物含有豐富的鐵？

- 內臟類：豬肝、豬血、鴨血等。
- 紅肉：豬、牛、羊
- 深綠色蔬菜：菠菜、花椰菜、龍鬚菜、地瓜葉、萵苣等
- 深紅色蔬果：紅鳳菜、紅莧菜、葡萄、櫻桃等。

此外，很多準媽媽不大會計算鐵的攝取量，擔心高鐵食物搭配保健食品會導致鐵質攝取過量，其實不必緊張，因為人體對鐵的吸收率有限，只要補充保健食品時注意標示的含量，每日以孕期建議量為上限，即使再搭配高鐵食物也不會有過量問題，媽咪們不必過度憂慮。

好孕營養素⑤ 魚油（Omega-3）

促進腦部發育及大腦功能的關鍵營養素

孕期需要的攝取量：每日1至2公克的DHA和EPA，並持續補充這個劑量至哺乳期結束。

補充方式：

★從天然食物中攝取：多吃秋刀魚、鯖魚、土魠魚、鮭魚、鰹魚等深海魚。

★搭配保健食品加強：選購時要注意每顆魚油的Omega-3的含量以及DHA和EPA的比例（DHA、EPA比例應為三比一），並建議飯後服用。

幫助身體製造理想細胞膜，具促進胎兒腦部、神經發育等多種功效

提到魚油，大家一定會想到DHA（二十二碳六烯酸）和EPA（二十碳五烯酸），也知道它與胎兒的智力發展有關，但實際上它的效果並非只有如此，因為DHA和EPA屬於Omega-3多元不飽和脂肪酸，這種脂肪酸雖然也是多元不飽和脂肪酸的一種，但功能更為重要，其中最為關鍵的就是幫助身體製造理想的細胞膜。因此一旦缺乏，就可能引起生長遲緩、生殖障礙、皮膚損傷（出現皮疹等）以及腎臟、肝臟、神經和視覺方面的多種疾病，是人體不可缺少的「必須脂肪酸」，其保健效果極為廣泛，尤其是對正在成長的胎兒與嬰幼兒，影響更大！其中最顯著的效果有：

①促進胎兒、嬰幼兒腦部發育及大腦功能

魚油中的DHA是大腦組織中細胞膜的主要成分，對腦的發育有極其重要的作用。紐約大學二〇一二年一月發表在發表在《Perspectives on Psychological Science（心理科學透視期刊）》中的統合研究顯示，孕婦和新生兒補充Omega-3，可提升孩子智商；尤其是孕期最後三個月到寶寶出生滿兩歲這段期間，是嬰幼兒腦部神經發育最快速的期間，必須提供足夠的DHA，否則會影響寶寶的大腦發育。

②促進胎兒&嬰幼兒神經發育

魚油中的DHA同時也是神經組織中細胞膜的主要成分，對神經髓鞘的形成有極其

重要的作用。多項研究發現，魚油中所含的DHA能促進胎兒及嬰幼兒的神經系統、眼睛、免疫系統發育，尤其胎兒時期更是神經髓鞘形成的關鍵時期，假如缺乏DHA，對胎兒的神經系統的發育將會產生損害。

③強健胎兒的肌肉與骨骼

南安普敦大學所作的研究證實，孕婦體內有較高Omega-3多元不飽合脂肪酸，所生下的寶寶會有較多的肌肉跟骨骼，以及較少的體脂肪，但同樣屬於多元不飽合脂肪酸的Omega-6，不僅沒有這樣的效果，而且還容易生出體脂肪較高的胖寶寶。

④降低孩童過敏機率

研究顯示，魚油可降低各種過敏反應，如蕁麻疹、氣喘等，尤其是運動引發之氣喘性氣管收縮[10]，而且在預防氣喘上，服用魚油比控制塵蟎更為有效。

⑤降低產後憂鬱

二〇〇七年《Journal of Clinical Psychiatry（臨床精神病學期刊）》的隨機雙盲對照研究顯示，服用魚油可預防憂鬱發作並且改善相關症狀，台中中國醫藥大學蘇冠賓教授的研究更證實，Omega-3可幫助懷孕及產後憂鬱症的婦女對抗憂鬱[11]。

⑥孕期的攝取量會降低孩子成長後的血壓

孕婦體內的Omega-3多元不飽合脂肪酸含量，降低兒童血壓。二〇一五年一項以四千四百五十五名母親與她們生下的孩子為對象的研究顯示[12]，孕婦血液中有較多的Omega-3脂肪酸（尤其是DHA含量較多的情況下），所生下的孩子在六歲時的收縮壓比較低。

⑦保護準媽媽的眼睛&有助胎兒視力發育

DHA有助視網膜及視覺神經細胞發展，降低陽光對視網膜細胞造成的傷害。

除了上述已累積大量研究證實的效果外，Omega-3多元不飽合脂肪酸還被證實，可促進嬰幼兒生長、產婦分泌乳汁、減輕免疫系統疾病（如紅斑性狼瘡）的症狀，以及減緩經痛、增加精子活力等效果。不過，這種脂肪酸人體無法自行合成，必須由飲食中獲得。

麻煩的是，食物來源較少，僅存於部分深海魚中，所以常導致攝取量嚴重不足。為此許多先進國家紛紛提出了在人類膳食中添加Omega-3比例建議值，美國食品藥物管理局更早在二〇〇二年便核准在嬰兒奶粉中添加Omega-3，以滿足嬰幼兒成長所需，由此可見它的重要性。

我們的食物中只有海魚含有較多的Omega-3，但是這並不表示只要魚的油脂越多、Omega-3含量就會越豐富。

根據我多年檢測發現，秋刀魚、鯖魚、土魠魚、鮭魚等海魚的Omega-3含量最高，而虱目魚、鱈魚、烏魚的油脂雖高，但Omega-3卻不高，至於黃魚、鱸魚、白帶魚，則是幾乎不含Omega-3。不過，想光透過飲食獲得足夠的Omega-3，幾乎不可能，即使我餐餐都吃魚，估算攝取到的Omega-3依然不夠，仍必須補充魚油，才能滿足身體所需。

孕期魚油DHA、EPA比例3：1，才能滿足胎兒需求

因此，想讓寶寶獲取成長所需的多元不飽合脂肪酸，準媽媽從懷孕開始就必須加強攝取。根據美國國家科學會的建議，孕婦每天至少應補充魚油（DHA加EPA）六百五十毫克（DHA和EPA的計算方法見左頁），其中DHA的補充量至少應有三百毫克，但這只是「最基本的補充量」。

1顆魚油含有多少 DHA 和 EPA，到底怎麼算？

以市面常見魚油每顆1000毫克，含30%的Omega-3，而DHA、EPA的比例為3:1來說：

★每顆魚油膠囊的 Omega-3 含量＝每顆魚油的克數 ×Omega-3 比例

★每顆魚油膠囊的 DHA 含量＝每顆魚油的 Omega-3 含量 ×DHA 百分比

★每顆魚油膠囊的 EPA 含量＝每顆魚油的 Omega-3 含量 ×EPA 百分比

由此可知：

每顆魚油膠囊的 Omega-3 含量＝ 1000×30%＝ 300 毫克

由於 DHA、EPA 的比例為 3：1，所以

DHA 百分比＝ 3÷（3+1）＝ 0.75 ＝ 75%

EPA 百分比＝ 1÷（3+1）＝ 0.25 ＝ 25%

每顆魚油膠囊的 DHA 含量＝ 300 毫克 ×75%＝ 225 毫克

每顆魚油膠囊的 EPA 含量＝ 300 毫克 ×25%＝ 75 毫克

以準媽媽孕期每天 DHA ＋ EPA 應攝取 1~2 公克（1 公克 =1000 毫克）來看，每天至少要吃 4 顆魚油，才能獲得 1200 毫克的 Omega-3，其中含 900 毫克的 DHA，以及 300 毫克的 EPA。

臨床上，醫師會建議孕婦每天補充一到二公克的魚油，並且持續補充至哺乳期結束再恢復至一般三百至五百毫克的攝取量，才能透過母乳提供新生兒足夠的 Omega-3。

常有準媽媽問我：「據說魚油有抗凝血效果，所以生產前一個月得停吃魚油，但如果寶寶提早報到，停吃的時間太短，會不會有危險？」事實上，人體試驗證實補充魚油並不會增加手術風險。臨床上曾有隨機研究，觀察九百六十八個高風險孕婦，從懷孕二十周開始直到生產，每天分別吃魚油（二・七g／day）和安慰劑，結果顯示即使每天吃魚油，並不會在生產時造成出血併發症[13]。

另一項含十九個臨床研究的中繼分析也顯示，四千三百八十七個每天服用一至二十一克魚油的外科病人，手術時也並未因此出現出血狀況，當中甚至包含心臟繞道等手術[14]。臨床上，甚至有孕婦每天吃四十八顆魚油，也並沒

有增加生產時的出血風險，所以孕期吃魚油，即使一直吃到生產，我認為還是很安全的。

要注意的是，選購魚油務必注意產品標示中EPA、DHA的比例，市售魚油的DHA、EPA比例以二比三較多，然而，這種「EPA比例較高」的魚油卻不適合孕婦，準媽媽的DHA、EPA比例應接近三比一，才能滿足胎兒需求。

選購時要注意的還有Omega-3的含量。市售魚油的Omega-3含量大約只有三〇至六〇%，差異極大，所以顆數較多不一定比較划算；此外，由於多元不飽合脂肪酸容易氧化而產生有害的過氧化物，所以最好是隔氣隔光的單一單位包裝，每次打開可供給一次吃完魚油，而且保存時還必須避免光及熱，建議可放冰箱保存，倘若購買罐裝產品，則開封後三個月內一定要趁新鮮吃完才行。

由於深海魚易受到重金屬汙染，因此許多人會擔心魚油的安全問題，最好產品會標示和附上「重金屬檢測報告」，安全性反而更高，所以服用魚油Omega-3，有時反而會比直接吃魚更安全。

哪些食物含有豐富的EPA及DHA？

EPA及DHA僅存在一些深海魚中，如秋刀魚、鯖魚、土魠魚、鮭魚等。

好孕營養素⑥ 益生菌

預防子癇前症、降低孩童過敏率的關鍵營養素

孕期需要的攝取量：每日服用有效菌種10億菌株。

補充方式：

★從天然食物中攝取：優格、優酪乳，但不建議吃太多，以免攝取過多糖分。

★搭配保健食品加強：一定要吃對菌種而且吃夠劑量，才能達到保健功效。

孕期攝取足夠益生菌，可預防子癇前症、妊娠糖尿病

益生菌，顧名思義就是對人體有好處的細菌，一般提到益生菌功效時，大都會想到腸道保健。但其實，孕期內服用足夠益生菌，還可有效降低妊娠糖尿病、子癇前症等周產期併發症的發生率。

二〇一〇年英國營養素學期刊研究發現，服用益生菌（乳酸桿菌LGG和比菲德氏菌Bp12）的孕婦，罹患妊娠糖尿病的機會從三十六%降低到十三%；二〇一一年挪威公共衛生學院的Jacobsson賈克布森博士於一項以三萬三千三百九十九名第一胎孕婦所進行的調查研究也發現，孕婦每天吃一次含有乳酸菌（Lactobcilli）的優酪乳或優格，與一般孕婦相較，子癇前症發生率降低了二十一%[15]。

由於妊娠糖尿病與子癇前症是高危險妊娠併發疾病，對準媽咪和胎兒的威脅極大，尤其是子癲前症，近五年來已成為我國孕婦死亡的三大原因之一，因此千萬別小看益生菌的保健功效。

益生菌能降低寶寶過敏機率

孕期和哺乳期補充足夠益生菌，還可以降低胎兒出生後各種過敏問題的發生機率。二〇〇一年，全球著名醫學期刊《刺絡針（The

Lancet）》的研究便指出，孕期服用益生菌，能有效降低孩子日後出現皮膚和呼吸道過敏機率。

這項研究特別針對有異位性皮膚炎家族史的孕婦，從生產前二至四周開始，每日口服雷曼氏乳酸桿菌（LGG）一百億菌落數，並持續服用到寶寶滿六個月，隨後持續進行追蹤結果顯示，兩年內，這些寶寶出現溼疹（異位性皮膚炎）的比率與安慰組相較，足足減少一半（從四十六％減少到二十三％）。持續追蹤更發現，這些孩子四歲時的氣喘及過敏性鼻炎發生率也有明顯下降[16]；二〇〇六年以及二〇一二年《過敏及臨床免疫學期刊（Allergy and Clinical Immunology）》的研究[17]也有相似的結果。

假如來不及在孕期補充益生菌，寶寶出生後開始服用也有效果。二〇〇七年《兒科研究（Pediatr Res）》一項針對一百八十七名二至五歲罹患過敏性鼻炎或過敏性哮喘的兒童所進行的研究便發現，服用益生菌的孩童，不僅腹瀉比率較低，而且鼻炎或哮喘的發作率和嚴重度，也明顯低於服用安慰劑的孩童[18]。二〇一〇年 Christoph Grüber 博士研究也顯示，寶寶出生後立即給予果寡糖等益菌生，可降低異位性皮膚炎的發生率，即使是低風險族群也有顯著效果[19]。

此外，剖腹產方式出生的嬰兒，由於沒有經過產道，所以腸道所含的益菌較少，然而研究發現，這些寶寶只要在出生後立刻開始服用益生菌，三個月後腸道中益菌的比率即可追上自然產出生的寶寶。

每天要吃10億菌株才有效果

由於台灣過敏兒的比率高達五〇％，因此不少準媽媽一聽到孕期服用益生菌既可預防恐怖的周產期併發症，又能使孩子比較不容易過敏，自然開心。

但必須注意的是，補充益生菌還得吃對菌種、吃夠劑量才行。芬蘭曾以兩百四十一個孕婦做的前瞻對照雙盲研究發現，孕期每天服用十億菌株的益生菌，孩子出生後皮膚過敏的機率明顯較低，然而同樣菌種，新加坡一項研究卻發現，孕期每天服用一千萬菌株卻沒有任何效果[20]；因此補充益生菌，不同的對象要選對需要的菌種才能真正達到保健功效。

預防周產期併發症、降低孩子日後過敏機率的有效菌種

孕期的保健功效	有效菌種
預防 妊娠糖尿病	雷曼氏乳酸桿菌 (LGG) + 比菲德氏菌 (B 菌)
預防 子癇前症	乳酸桿菌（Lactobcilli）
降低孩子日後 過敏 機率	雷曼氏乳酸桿菌 (LGG)

補充益生菌，無論是從食物型態的優格、優酪乳，還是方便服用的保健食品都可以，重點還是在挑對菌種，因為益生菌的種類眾多，每種菌的功能不同；至於補充劑量，建議每日補充的益菌數達十億，才有效果。

此外，益生菌是活的微生物，很多不耐室溫，活菌數也會隨著出廠時間逐漸減少，購買時更要注意有效日期，越「新鮮」越好，或者購買能耐常溫的益生菌。

哪些食物含有豐富的益生菌？

- 發酵乳製品：優格、優酪乳、保健食品、未經高溫殺菌包裝的泡菜、酸菜、福菜、梅乾菜等。

好孕營養素⑦ 維生素D

調節基因表現和細胞機能的關鍵營養素

孕期需要的攝取量：每日4000 IU

補充方式：

★曬太陽、做日光浴：每日至少做10至15分鐘的日光浴，最好的時間為中午12點。這段時間的UVB大於UBA，不用擔心皮膚癌又可以快速獲得足夠的維他命D。

★搭配保健食品加強：建議選擇可直接被人體利用的維生素D_3，於飯後服用，並注意不可攝取過量。

孕期維生素D不足，增加「子癲前症」的發生率

維生素D是人體必須營養素，卻經常被低估，多數人對它的印象僅在於促進鈣質吸收，不知道維生素D在人體內具有荷爾蒙的功效，負責調節基因表現和細胞機能，可強化骨密度、維護肌纖維的發育、維護腦神經健康與功能、促進細胞正常分化並抑制癌變細胞的增生，對人體非常重要。維生素D攝取不足的話，許多細胞（如免疫細胞、血管內皮細胞）便無法正常運作，全身都有罹病風險，而孕媽咪攝取不足時更會影響下一代的健康，其中第一個風險就是增加「子癲前症」的發生率[21]，嚴重威脅準媽媽和胎兒的生命。

此外，維生素D對胎兒的成長發育，也有非常大的影響。首先是影響胎兒體重和骨質密度。二〇〇六年《加拿大醫學協會期刊（CMAJ）》發現，孕期維生素D攝取不足可能會導致新生兒的體重過輕，增加一微克維生素D的攝取量，可以增加新生兒體重十一公克[22]。同年著名醫學期刊《刺胳針（The Lancet）》一項針對一百九十八名、從胎兒時期開始進行長達十年持續追蹤的研究顯示，孕期的維生素D攝取量不足，孩子的骨質密度明顯較低[23]。

二〇一四年兒科期刊的研究更發現，孕期

維生素D不足（維生素D在血液中的濃度低於二十五nmol／L），孩子出生後比較容易出現語言發展功能較差、肺功能較弱、注意力不佳、飲食習慣不良（有過食與偏食現象），以及過動、自閉等健康問題；而一項針對北半球出生嬰兒的研究也指出，孕期日照量少、維生素D合成不足，生下的嬰兒長大後被發現罹患精神分裂症的機率，比一般嬰兒高出五%到一〇%，可見維生素D對胎兒的影響是全面的。

正因為維生素D如此重要，所以我們的皮膚只要經陽光紫外線照射，就能自然合成維生素D。以台灣地區來說，夏天只要每日享受十至十五分鐘的直接日曬，所產生的維生素D就可滿足一天所需。話雖如此，但由於現代人戶外活動時間越來越少，幾乎整天都坐在辦公室裡工作，因此全世界的人都普遍有維生素D缺乏的現象。尤其女性愛美、怕曬黑，只要會照到陽光的皮膚，全都塗上高防曬指數SPF的乳液，防曬指數十五以上就可以阻斷所有維生素D的合成。

根據衛生署國民營養健康資料，高達九十八%的國人，血液中維生素D濃度不足（標準是三十三μg／mL），其中尤其以十九至四十四歲的維他命D濃度最低，因此對不喜歡曬太陽或不容易曬到太陽的準媽媽來說，適度補充維生素D是必要的。尤其是北台灣的冬天，人們出門大多只露出臉頰和雙手，即使

哪些食物含有豐富的維生素D？

- 動物肝臟。
- 蛋黃。
- 鮪魚、鮭魚、沙丁魚、小魚乾。
- 牛奶、乳製品、香菇（用太陽曬乾的含量尤高）。

天氣晴朗也必須日曬兩小時以上，才能得到足夠的維他命D，因此更需要補充維生素D，維持準媽媽和胎兒的生理機能正常運作。

維生素D在自然界中主要有兩種生理型態，分別是維生素D_2與維生素D_3。D_2進入人體後必須轉化成D_3才能供人體利用，再加上每個人能轉化D_2的能力不同，因此額外補充最好以D_3為主。不過，飲食中含有維生素D的食物種類並不多，可供人體直接利用的維生素D_3更只存於動物肝臟裡，肝臟又是代謝毒物的器官，倘若添加瘦肉精等藥物，這個部位累積的含量最高，所以透過這類食物補充維生素D的風險極大，建議最好透過保健食品來補充。一般含維他命D的營養補充品，添加在鈣片或綜合維他命裡的維生素D劑量都很低，至於補充劑量，從懷孕開始到哺乳期結束，建議每日補充四千IU（台灣的法規不能超過五百五十IU而美國FDA規定不超過四千IU），才能同時滿足準媽媽和胎兒的需求。

特別要提醒的是，維生素D是脂溶性維生素，攝取過量會累積在體內反而有害，因此務必以四千IU為保健補充上限，以免補過頭而影響健康。（關於維生素D詳細內容見拙作《吃對保健食品1》）

好孕營養素⑧ 葉黃素

幫準媽媽和胎兒「養眼」的關鍵營養素

孕期需要的攝取量：每日至少6毫克，最高不超過20毫克

補充方式：

★從天然食物中攝取：多吃菠菜、綠花椰、芥菜、青江菜、番薯葉、胡蘿蔔、甜番薯、南瓜、木瓜、芒果、甜椒、玉米、枸杞等深綠、深黃或橘紅色蔬果。

★搭配保健食品加強：必須持續補充才有效果，建議飯後服用吸收較好。

母體會將葉黃素優先提供給胎兒

傳統認為懷孕會讓眼睛變得特別脆弱，因此孕期不能哭也不能看書，這並不完全是迷信喔！葉黃素是唯一存在於水晶體的類胡蘿蔔素，並且和玉米黃素大量存在黃斑部，其功能在於遮蔽、吸收藍光與紫外線，以及增進眼睛的抗氧化能力和減少自由基的傷害，是保護眼睛、減緩眼睛老化的重要護眼物質。

但從懷孕第六個月開始，為了供應胎兒發育所需，準媽媽身上的葉黃素會大量從母體轉移到胎兒身上，導致母體內的葉黃素濃度下降，眼睛抵抗光線傷害的能力便會因而減弱，自然就容易出現一些眼睛的狀況，如視力模糊、眼睛乾澀、對焦不準、容易疲倦、怕光、痠澀、度數改變等問題。

有鑑於此，為了避免準媽媽的眼睛在缺乏葉黃素保護的情況下受傷，孕期就必須補充足夠葉黃素，才能滿足母體和胎兒所需，建議最好能持續補充到哺乳期結束為止。因為產後葉黃素仍會經由母乳繼續流向嬰兒，特別是高度近視的準媽媽，更應加倍注意，否則先天不足再加上後天失調，自己視力越來越差不說，甚至還會影響胎兒眼部和神經系統的健康發育。

補充葉黃素關鍵不在劑量高低，而在持之以恆

葉黃素在深綠、深黃或橘紅色蔬果中的含量最高，如菠菜、甘藍菜、綠花椰、甜菜、萵苣、芥菜、青江菜、番薯葉、空心菜、秋葵、

哪些食物含有豐富的葉黃素？

- 深綠、深黃或橘紅色蔬果：如菠菜、甘藍菜、綠花椰、甜菜、萵苣、芥菜、青江菜、番薯葉、空心菜、秋葵、胡蘿蔔、甜番薯、南瓜、木瓜、紅肉李、芒果、甜椒、玉米、枸杞等。

血管的管徑只要差1倍，血液量的差異就會高達16倍！所以一旦子宮動脈血管擴張不佳，就會引發子癲前症。

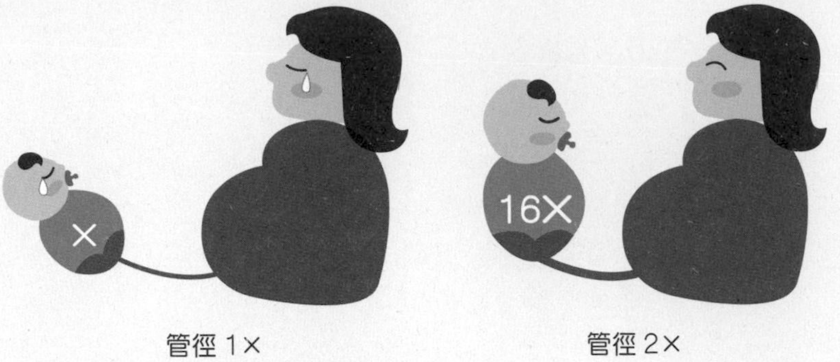

篩檢率高達95%。此外，除了早期篩檢外，建議準媽媽還可以善用「營養力」，補充三大關鍵營養素來預防子癲前症的發生。

- **營養素① 維生素D**：研究已證實，孕期維生素D攝取不足，將會增加「子癲前症」以及「胎兒小於妊娠年齡[25](SGA)」的發生率[26]，因此預防子癲前症，孕期維生素D的每日攝取量須達4000 IU，才能滿足母體和胎兒所需。（孕期維生素D的功效與攝取方式，詳見P.124）
- **營養素② 番茄紅素**：一項發表於《國際婦產科雜誌（Gynaecol Obstet）》的前瞻性隨機對照雙盲研究[27]，在251名參與研究的孕婦中，有116名口服番茄紅素，劑量為2毫克，每日2次，而另135名則以相同劑量給予安慰劑，直到分娩。結果子癇前症與子內生長遲緩的發生率，番茄紅素組都明顯低於安慰劑組（見下表），可見番茄紅素對子癲前症具預防效果。要注意的是，番茄紅素來自栽種作物且具油溶性，因此採購番茄紅素的保健食品時，應選擇通過農藥、戴奧辛、多氯聯苯等檢測的產品。若想直接經由食物攝取，除注意以上檢測外，必須煮熟剝皮吃，才能獲得最佳效果。
- **營養素③ 益生菌**： 2011年挪威公共衛生學院的Jacobsson賈克布森博士在《美國流行病學期刊（American Journal of Epidermiology）》上發表的研究顯示，孕婦每天吃1次含有乳酸菌（Lactobcilli）的優酪乳或優格，就可以降低21%子癇前症的發生率。此外，孕期攝取益生菌（乳酸桿菌LGG和比菲德氏菌Bp12)，對降低妊娠糖尿病的發生[28]也有很好的效果。（孕期益生菌的功效與攝取方式，詳見P.121）

發生率	番茄紅素組	安慰劑組
子癇前症	8.6%	17.7%
子內生長遲緩	12%	23.7%

善用營養力，預防孕期恐怖併發症：子癇前症

子癲前症是我國孕婦死亡的 3 大原因之一

「子癲前症」就是俗稱的「妊娠毒血症」，是一種合併蛋白尿（24 小時的尿蛋白質超過 300 毫克，或間隔六小時以上的兩次尿液檢查尿蛋白都在 100mg/dL 以上）或全身性水腫現象的妊娠高血壓 24。一般好發於懷孕 20 周之後，近 5 年來已成為我國孕婦死亡的 3 大原因之一，發生率高達 5%，同時也是先進國家「妊娠相關疾病」死亡率第 1 名的疾病，在眾多的產科併發症當中，對孕婦與胎兒影響最大。

如果沒有適時給予適當治療，就會惡化為重度子癲前症或是引起孕婦全身性痙攣的子癲症，危及母體與胎兒的生命安全。子癲前症後遺症包括腦中風、肝腎衰竭、凝血功能失調、心肺積水等問題，而胎兒則會有發育遲緩、體重過輕、早產等。

懷孕時的高血壓，可分成 3 類	妊娠高血壓	單純高血壓（收縮壓 >140mmHg 或舒張壓 >90 mmHg），產後往往就恢復正常。
	子癲前症	除了高血壓之外，還合併蛋白尿或全身水腫現象。
	子癲症	除了子癲前症的症狀，還會出現全身痙攣現象。

子癲前症 & 子癲症對孕媽咪和寶寶的影響	
孕媽咪	全身性痙攣、視網膜剝離、心血管功能異常、腎衰竭、肝功能異常、肺水腫、腦出血、產後大出血，凝血功能障礙、中風等。
寶寶	胎兒發展遲緩、早產、胎兒窘迫、胎兒死亡等。

子癲前症的成因一直是醫界大謎團，目前只知道子癲前症與胎盤功能不良有關。由於胚胎著床後，母體會產生胎盤生長因子讓子宮動脈擴張，以應付胎兒成長過程所需的大量血液供應，然而子癲前症患者的胎盤生長因子濃度較低，子宮動脈血管擴張不佳，因此隨著懷孕周數增加，擴張不佳的血管無法滿足胎兒成長所需的大量血液，母體便會設法增加血液的供輸給胎兒，進而導致血壓上升，引發子癲前症。

善用「營養力」預防子癲前症

子癲前症及早發現、及早介入治療很重要。目前已經可以有效篩檢預測，準媽媽們可於第一孕期以自費方式，抽血檢測胎盤成長因子（PlGF）與懷孕相關血漿蛋白 A（PAPP-A），並搭配超音波進行子宮動脈血流檢查及定期血壓量測，預先知道罹患子癲前症的機率，

胡蘿蔔、甜番薯、南瓜、木瓜、紅肉李、芒果、甜椒、玉米、枸杞等，但要注意的是，葉黃素屬於脂溶性物質，也就是在有油脂的情況下，吸收效果會最好，所以加點油烹煮效果較好，或者打成汁來食用，吸收率會比生吃來得高[29]。

在攝取劑量上，一般成人建議每日攝取六毫克（相當於一大碗的生菠菜等於三分之一碗熟菠菜），最多不要超過二十毫克。如想透過保健食品補充葉黃素，由於孕婦安全劑量尚未被確認，因此不需要攝取太多，每日攝取上限同一般成人即可。此外，葉黃素的攝取，重點在於「持續補充」，因為葉黃素進入人體後，要三個月才能進入水晶體和黃斑部，斷斷續續的補充是沒有效果的。

吃素準媽咪又該補充哪些營養呢？

有些準媽媽因信仰因素必須吃素，容易造成以下營養素的缺乏，如：鐵、鈣、鋅、維生素 D 和維生素 B_{12} 等，這時就必須透過保健食品額外補充。

有的植物性食品雖然也含有不少鐵、鈣和鋅，但是人體很難吸收，例如 1 兩雞肉和 2 兩燕麥（在植物性食品中含鐵量較高）的含鐵量差不多都是 10 毫克，但是雞肉裡的鐵是以血紅蛋白鐵的形式存在，人體可以吸收 15%~30%。但植物的鐵屬於非血紅蛋白鐵，人體只能吸收 2%~20%，若想吃燕麥粥來滿足當天身體對鐵的需求，每天得吃一大鍋才行。因此，我建議吃素的準媽媽，除了維生素 D 可透過日曬補充外，最好透過保健食品來補充必要的營養素。

素食孕媽咪最容易缺乏的 5 種營養素

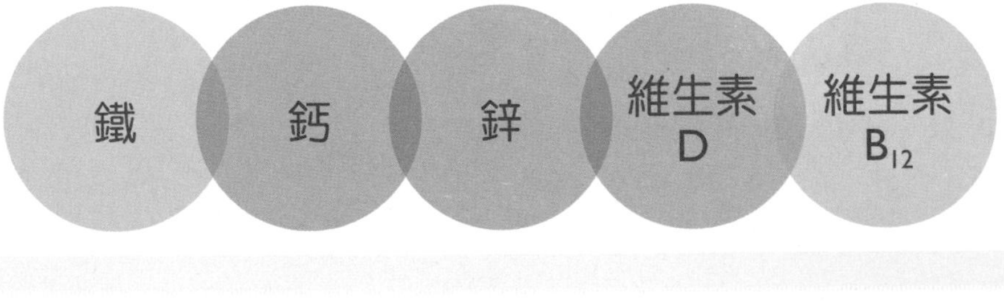

步驟(三) 學會忌口

遠離會影響胎兒健康的食物

孕期第三個飲食重點，就是遠離會影響孕婦和胎兒健康的食物，其中又可分為「一定要忌口的八種食物」以及「必須限制攝取量的二大成分」等兩大類。

忌 亞麻籽（粉或油）

孕期到底能不能吃亞麻籽粉或亞麻籽油呢？雖然目前說法不一，但因它被發現可能引起嬰兒早產（特別是在懷孕第三個月以後），而且並非無可取代的必要營養素，基於保護孕婦和胎兒原則，建議準媽媽暫時將它列入飲食黑名單，等產後再解禁。

忌 未經殺菌的乳製品&燻製品

沒有經過殺菌的乳製品（如軟起司、blue cheese）和燻製品（如火腿），容易遭李斯特菌汙染，準媽媽吃了以後，可能造成流產與新生兒缺陷，因此孕期請和這些食物保持距離，以免徒增孕期風險。

忌 醃製的紅肉、香腸

在夫妻備孕以及準媽媽懷孕的過程中，請不要吃醃製的紅肉和香腸。國外研究發現，多吃醃製紅肉的媽媽，所生下的幼兒得到腦癌的機會比較高，而常吃香腸的男性，其孩子出生後得到白血病的機會也比較高。

忌 市售飲料（人工添加物）

孕婦喝的飲料最好都自己準備，避免市售飲料添加的人工甘味劑、磷酸鹽、糖精、甜味劑等成分傷害寶寶的腦部、影響孕期鈣質吸收、損害嬰兒代謝作用，甚至還有致癌風險。

忌 反式脂肪

反式脂肪是將液態植物油部份「氫化」後的產物。所謂的氫化，就是把氫分子加入植物油中，讓液態的油脂轉為固體或半固體狀態，如此一來便可讓油更耐高溫、更穩定，而且可延長保存期限，增加口感，因此廣受食品業者歡迎。

然而近年來越來越多研究發現，植物油氫化後產生的反式脂肪，對人體有很大的危害，因為人體代謝脂肪的酵素幾乎都是順式的，難以代謝反式脂肪，此外還有造成血管阻塞、發炎，增加罹患心血管疾病的風險。

根據美國「美國臨床營養雜誌」研究，孕婦攝取過多的反式脂肪，將可能生出體型過大的嬰兒，這份研究的對象針對約有一千四百名的孕婦，發現孕期飲食攝取反式脂肪的量越多，新生兒體型就越大，大幅提高生產風險。研究還指出，孕婦若攝取過量反式脂肪，會妨礙胎兒神經發育，因為反式脂肪酸會干擾DHA、EPA的轉化與合成，使胎兒能吸收到的DHA及EPA數量跟著減少。

不僅如此，反式脂肪還會透過母乳影響寶寶健康。研究發現，經常攝取反式脂肪的產婦，乳汁裡也被發現含反式脂肪，間接傷害嬰兒的神經系統與成長發育。也有研究發現，孕產婦經常攝取反式脂肪，寶寶罹患異位性皮膚炎的風險大幅增加（增加四十九％），而且過敏狀況也更加嚴重[30]。

要注意的是，政府雖然要求包裝食品必須在營養標示的脂肪項下增列「飽和脂肪」及「反式脂肪」，但食品標示反式脂肪含量就算標示「〇」，也不表示真的就完全沒有反式脂肪，因為據衛生署的規定，反式脂肪的含量不超過〇・三％就可標示為「〇」。

建議選擇包裝食品時，要看一下成分標示，**只要成分中有氫化植物油、氫化棕櫚油、半氫化植物油、人造奶油、人工奶油、人造植物奶油、植物乳化油、植物酥油，或標示有反型脂肪、轉化脂肪等名稱者，便表示含反式脂肪。**

此外，反式脂肪並不只存在包裝食品中，烘焙和油炸等食品也時常含有反式脂肪，如麵包、餅乾、蛋糕、派、甜甜圈、炸雞、炸薯條、鹹酥雞等，這類食物請務必忌口，才是降低反式脂肪攝取風險的根本之道。

㊂ 中藥

現代的中藥和古時候的中藥不同。在第一章飲食毒素中，我們已經知道中藥材可能有汞、鉛等重金屬汙染，以及農藥殘留問題，因此吃中藥進補時，我們很可能還沒得到養生、治病功效前，就已經受到多種毒素的傷害。所以我認為孕婦、哺乳婦女及六歲以下孩童等高風險族群，一定要盡量避免服用中藥。

㊂ 苦瓜

蔬果所含的營養可以幫助孕婦、胎兒對抗環境汙染的危害，所以孕期我們建議多吃蔬果，但當中不包含苦瓜，因為苦瓜所含成分可能對孕婦、胎兒有害！

動物實驗已發現，每天給狗一・七五克苦瓜萃取物，六十天後，公狗失去射精能力，在另一項研究中，每天餵老鼠苦瓜葉子榨的汁，結果母鼠的懷孕率從九〇％下降到了二〇％。此外，研究還發現，懷孕的兔子喝了苦瓜汁可能會出現宮腔積血甚至死亡，而分離出來的苦瓜素則會使懷孕老鼠中止妊娠。

由於苦瓜對孕婦、胎兒的影響無法進行人體實驗，再加上動物實驗皆顯示，苦瓜對哺乳動物的生殖系統有害，尤其在孕期，更有致命的風險，因此在懷孕期間請不要吃苦瓜，以免造成難以挽回的遺憾。

㊂ 沒有檢查過的動物內臟

畜產肉品除了可能受到環境毒害，還有嚴重的用藥問題（瘦肉精、生長激素等），然而當中的內臟組織，不僅膽固醇高，聚積的毒素也高，尤其是肝臟、腎臟等代謝毒物的器官，毒素含量可達肌肉組織的五至十倍。因此除非是經過詳細檢驗的動物內臟，否則千萬別碰，以免胎兒成為這些毒素的最終宿主。

限 咖啡因↓每日限量300毫克

常聽人說懷孕不能喝咖啡，因為咖啡所含的咖啡因會影響胎兒腦部發育，使寶寶晚上容易醒，日後的行為、情緒也會受到影響，不過，這些目前都已經過研究證實是空穴來風。

曾有一項研究追蹤近一千名三月大的寶寶，這些寶寶的媽媽中，有二〇%為咖啡依賴者，整個孕期每天至少有三百毫克咖啡因在血管中游走（大約一至二杯咖啡），然而她們的寶寶，夜醒的次數並沒有顯著增加。另一項研究則顯示，即使孕期喝咖啡，孩子五、六歲時再進行測試，結果顯示這些孩子的行為、情緒和注意力都沒有問題。

不過，咖啡因也並非完全沒有問題。研究發現，過量的咖啡因將會導致胎兒的出生體重降低。一項長達十年、共計約六萬名孕婦的調查研究發現，孕期每天攝取三百毫克的咖啡因，寶寶的出生體重將會降低二十七至六十二%[31]，由此可見限制咖啡因的攝取量是必要的，根據目前的科學證據，只要每天不超過三百毫克咖啡因（約阿拉比卡三杯或羅布斯塔咖啡一杯）是可以接受的。

限 維生素A

孕期要小心的成分還有維生素A。研究發現，懷孕早期攝取過多的維生素A會導致胎兒神經和心血管缺損，因此孕期請少碰維生素A含量高的食物，如魚肝油，以及鵝肝、鯊魚肝、鮟鱇魚肝等動物肝臟。

1. IOM guidelines, 2009.
2. Calvani et al 2006.
3. 2012 小兒及青少年醫學月刊（Archives of Pediatrics & Adolescent Medicine）。
4. Le Donne M 婦女生育 2016。
5. SOGC CPG-2007.
6. 高風險孕婦：有抽菸習慣，或有糖尿病、肥胖症（BMI >35）、神經管疾患家族史、多囊卵巢、吸收不良（如腸躁症）、正在服用抗癲癇藥物或葉酸拮抗劑 (methotrexate, sulfonamides) 的孕婦。
7. Ettinger AS ,Nutr J. 2014.
8. L. D. Ritchie, E. B. Fung, L.R. Woodhouse, C. Donangelo, R. Roehl, S.A.Abrams, B.Halloran, C. Cann, M. Van Loan, J.R. Turnlund, and J.C. King.
9. Psych Central [SEPTEMBER 2014].
10. Mickleborough TD. Chest. 129(1):39-49, 2006 Jan.
11. Su et al., 2008.
12. idakovic, The Journal of Nutrition 145.10 (2015): 2362-2368.
13. Olsen SF, Eur J Clin Nutr 2007.
14. Harris WS Am J Cardiol 2007.
15. 2011 年美國流行病學期刊（American Journal of Epidermiology）。
16. Kalliomaki et al,Lancet 2001.
17. Samuli Rautava, MD, PhD J of Allergy and Clinical Immunology , 2012.
18. Giovannini M, et al. Pediatr Res. 2007 Jun 25.
19. Christoph Grüber, Journal of Allergy and Clinical Immunology,2010.
20. Clinical & Experimental Allergy, 2008.
21. Halhali et al. J Clin Endocrin & Met 2000. 85(5), 1828-1833 .
22. C.A. Mannion,. CMAJ, 2006.
23. M.K. Javaid, at al. Lancet 2006.
24. 孕婦本身沒有高血壓，懷孕後期血壓才升高時。
25. 胎兒小於妊娠年齡，指出生體重低於同樣妊娠週數年齡的嬰孩的第十百分位者，或低於平均妊娠週數體重兩個標準差以上者。
26. Halhali et al. J Clin Endocrin & Met 2000. 85(5), 1828-1833 .
27. Sharma JB et al. Int J Gynaecol Obstet. 2003;81:257-262.
28. 2010 年英國營養學期刊。
29. McEligot AJ, Cancer Epidemiol Biomarkers Prev. 1999.
30. Michael Borte 美國臨床營養學雜誌，2007。
31. BMC Medcine.

在九個半月的懷孕過程中，準媽媽們得應付接踵而來的各種變化與挑戰，經常不知所措。為此，我特地針對準媽媽們最關心的孕期狀況和疑問，如：孕吐、特殊產檢、胎教、妊娠紋、出國旅行、運動、睡眠與性生活等，提出「真正有人體醫學研究」根據的對應方法，幫助準媽媽們自在享受好孕生活。

孕期好生活應對方法(一) 孕吐

孕吐，其實是保護寶寶的自我機制

準媽媽懷孕初期，常會出現頭暈、食欲不振、噁心、嘔吐等現象，民間稱這是「害喜」，也就是所謂的「孕吐（妊娠期間噁心嘔吐，簡稱NVP）」。引起孕吐反應的說法很多，從毒物學的角度來看，孕吐其實是準媽媽的身體為了保護寶寶所出現的自然機制。早在一九四〇年，美國人艾爾文（Irving FC.）在《維吉尼亞醫學月刊（Virginia Med Monthly）》上所發表的研究即指出，有孕吐現象的準媽咪，在妊娠早期（早於妊娠二十周）流產的機率，比沒有孕吐的準媽咪低了幾乎一倍；後來康奈爾大學的舍曼教授（Paul W. Sherman）進一步分析大量有關孕吐的研究後也證實，孕吐的確能讓孕婦免於攝取那些可能會對胎兒和自己造成危害的食物。

雖然孕吐可能發生在妊娠期間的任何時刻，

但一般來說，會突然出現於妊娠第五或第六周，並且在妊娠三個月後消失，因為這個階段正是胚胎發育最關鍵的時刻，只要一丁點的毒，就可能造成莫大影響。畢竟，大自然中本來就存在著許多對人體有害的物質，有些物質因為不會對人體造成明顯或立即性的傷害，所以常被忽略，例如許多植物為了避免蟲吃，會合成一些有毒的化學物質，這些物質被稱為「次級代謝物（secondary compounds）」，對人體通常沒有害處，甚至還廣受人們喜愛（例如咖啡因），不過卻可能對胎兒造成不利影響，例如導致畸胎或者流產。

通常氣味衝、味道重的植物，次級代謝物含量會比較多，因此在懷孕初期，母體為了保護胎兒，對這些氣味會特別敏感；同樣的，容易滋生細菌和寄生蟲的肉類，對胎兒來說也是危險物質，因此肉類食物的油膩味，往往也容易誘發孕吐。

據統計，每四位準媽媽中就有三位在懷孕期間會感到噁心，有兩位會出現嘔吐。假如只是輕度的噁心、嘔吐，沒有脫水和進食量過少的情況，一般不必擔心。但若噁心、嘔吐的感覺實在難受時，可以試試以下兩個方法，幫助緩解不適：

① 善用薑 & 薑製品

早年海軍為了緩解船員嘔吐情形，發現薑有緩解嘔吐的功效；雙盲試驗更發現，薑能緩解孕吐，比維生素B_6更有效[1]，因此建議孕吐厲害的準媽媽，可以準備薑或薑製品，例如反胃時含一點生薑粉、喝點薑母茶，或是炒菜時放些薑片等。不過要注意的是，如果孕吐很嚴重，食道被胃酸灼傷時，就不宜再繼續吃含薑食物，應盡快就醫。

② 補充維生素B_6

維生素B_6有一定的止吐作用，所以想緩解孕吐，不妨多吃含有豐富維生素B_6的食物，例如魚肉、雞肉、豆類、蛋類以及新鮮的蔬菜、水果等，必要時可以考慮服用含有維生素B_6的保健食品，但要注意每日服用量不要超過七十五毫克。

孕期好生活應對方法(二) 特殊產檢

80%唐氏兒的媽媽年紀都在35歲以下

為了順利生下健康寶寶，產檢是不可少的。不過由於一般檢查僅可以檢測出六〇%的胎兒異常，因此有些準媽媽還必須進行一些特殊檢查，才能確保胎兒的健康狀況。在這些特殊檢查中，羊膜穿刺、絨毛採樣因屬侵入性檢查，可能會有傷及胎兒、破水、流產等風險，因此常讓必須進行檢查的準媽媽過度緊張，甚至想方設法迴避。要知道，早期診斷其實對高風險準媽媽來說，有其必要性，只要能確實了解這類檢查的風險與其必要性，也就能避免無謂的心理壓力。

通常，最常遇到的侵入性特殊產檢是羊膜穿刺和絨毛採樣，這兩項檢查的主要目的在檢查胎兒的染色體病（如：唐氏症）以及特定基因遺傳病的可能性。其中羊膜穿刺的成功率高於九十九%，染色體檢查的正確性則高達九十九・八%以上，因此臨床上會建議超過三十五歲的準媽媽做這項檢查，因為不做的風險更高。

以唐氏症為例，二十五歲孕婦生下唐氏患兒的概率僅有一千三百分之一，三十五歲便飆高到三百六十五分之一，四十五歲更高達為三十分之一，而唐氏症患兒不僅平均智商（IQ）僅有五十，同時伴有先天性心臟病等臟器畸形概率也較高，罹患白內障、急性白血病、甲狀腺疾病、心肺疾病等發病概率亦高於一般人，假如因為拒絕檢查而產下患兒，

羊膜穿刺 & 絨毛採樣的風險評估

①羊膜穿刺

★胎兒損傷風險：目前在連續的超音波導引下進行，幾乎不會發生。
★流產風險：不高於 3/1000。

羊膜穿刺是在超音波引導下，以細針穿入孕婦肚皮後，從羊水腔內取出少量羊水。這項檢查最讓準媽媽擔心的問題就是造成胎兒損傷和流產。事實上，在連續超音波導引之下進行羊膜穿刺，是不會傷到寶寶的。

臨床上有時會出現羊膜穿刺檢查顯示胎兒染色體並無異常，結果卻生下異常胎兒，讓人誤以為是因羊膜穿刺而引起。其實之所以會有這種狀況，是因為羊膜穿刺只針對染色體檢查，即使結果正常，也只代表染色體（最常見而重要的是唐氏症）沒有問題，並不能排除其他非染色體所引起的疾病，例如大部份的先天性心臟病、智力障礙、兔唇顎裂，以及基因所引起的問題，因此就算染色體檢查的結果正常，仍有些寶寶在出生時會發現異常，這並不是穿刺傷到胎兒的關係。

不過，要留意的是，羊膜穿刺的確會稍微增加流產的危險性，但機率極低。英國和美國曾進行大規模的調查，結果顯示，進行羊膜穿刺的準媽媽組在 24 周前的流產率，與沒做羊膜穿刺的準媽媽相較，不高於 3/1000，台大醫院迄今作過 15,000 例以上的羊膜穿刺，結果也與英美的報告相似。

②絨毛採樣

★胎兒損傷風險：較羊膜穿刺略高，但懷孕 10 周以後進行可降低風險。
★流產風險：不高於 1%。

絨毛採樣是在超音波引導下，從胎盤上取得絨毛樣本，由於採樣來自胎兒的胎盤細胞，準確率高達 99%，而且做許多基因與染色體相關的檢查，可及早確定胎兒是否異常。正因為採樣來自胎兒的胎盤細胞，危險性相對較羊膜穿刺術略高，因此一般會先以檢查疾病項目差不多的羊膜穿刺為優先，除非是某些基因疾病的診斷需要比較多量的 DNA，例如甲型海洋性貧血等，才須進行絨毛採樣。

絨毛採樣的檢查時機介於懷孕第 9~11 周之間，根據世界衛生組織追蹤 21 萬多位接受絨毛採樣的孕婦發現，懷孕 10 周以後的絨毛採樣不會增加流產機率（約 1%），也不會導致新生兒的畸形（如肢體缺陷），所以若醫師認為有必要進行絨毛採樣，不妨先和醫師討論時機。

未來得付出的心血與代價絕對無法估量。

儘管高齡產婦生下唐氏患兒的概率確實較高，但是臨床統計卻發現，八〇%的唐氏患兒都是三十五歲以下的媽媽生的，關鍵因素就是沒有做這項篩檢，所以站在優生的立場，我建議每個準媽媽都接受羊膜穿刺，以避免遺憾。

孕期好生活應對方法㈢胎教

別迷信莫札特音樂，媽媽聲音更有效！

為了讓寶寶擁有好性格，甚至更聰明、更有創造力，不少準媽媽會在懷孕期間嘗試各種胎教，這些胎教到底有沒有用呢？以結論來說，胎教當然是有效的，但正確的胎教可能跟您想像的不一樣。

舉例來說，許多人提倡懷孕期間多聽音樂可幫助胎兒腦部和情緒發展，尤其是莫札特等胎教音樂，還可以讓寶寶出生後「智力高人一等」。事實上這個說法並沒有獲得醫學研究的有效證明，德國的科學家甚至在研究後表示，讓孩子聽音樂並不會帶來任何認知能力上的優勢。

的確，胎兒的聽覺早在孕期第十五至二十周之間就開始發展，也是五感之中最早能接觸外界刺激的，不過這正是最大的迷思所在，因為胎兒被包在子宮與羊水中，雖然聽得到外界的聲音，但聽得並不清楚，他所「聽到」的聲音，並不是透過耳朵的空氣傳導，而是透過聲音骨傳導，所以他唯一能真正聽清楚的聲音，是媽媽的聲音。

前兩年科學家重新審視了孕期媽媽聲音的重要性，他們讓寶寶聽自己媽媽或別人媽媽的聲音，同時在腦殼上做各種測試，結果發現所有寶寶在聽到媽媽的聲音時，大腦活動會更顯著，不僅如此，媽媽的聲音還能激活和語言相關的腦區，但別人媽媽的聲音對他們來說則不具有這樣的效果。

真正有效的胎教是保持愉快的心情

不過，的確曾有一項研究顯示，懷孕期間聽莫扎特音樂和史帝芬金的有聲小說，可提高孩子在幼兒期的摺紙能力，只是研究最後發現，重點並不在於「聽什麼」，而是在於準媽媽「是否享受」這個聆聽的過程。

孕媽咪負面情緒對胎兒的影響，其實有更多研究可以印證。多個調查顯示，孕期焦慮和抑鬱（統稱為精神壓力，也包括工作壓力導致的，如常上夜班或者過於疲勞），可能造成早產，並影響胎兒發育，導致新生兒體重過輕、新生兒身長過短，而認知、情緒和行為方面的發育也會受到影響，使孩子的注意力難以集中，長大後更容易患上精神和心理疾病。曾有項長期追蹤的研究發現，孕期焦慮和童年以及青春期孩子的過動症有關，孕期焦慮的媽媽，所生下的孩子在十四、十五歲中學階段，進行認知測試時的做題速度特別快，但卻錯更多，與一般孩子相比，行為衝動非常顯著，而且智力測試的得分也較低。由此可見，**孕期真正有效而且重要的胎教，就是「保持愉快的心情」：只有媽媽健康快樂，才會有健康快樂的孩子。**

準媽咪不挑食，孩子出生後也比較不偏食

此外，在五感之中，真正能在孕期進行「胎教」的其實是味覺，因為懷孕時期母親的飲食將影響孩子的味覺發展。

舉例來說，很多孩子不喜歡吃胡蘿蔔，然而國際知名美國蒙尼奧化學感覺研究中心（Monell Chemical Sense Center）的研究人員曼尼拉（Julie Monella）和博尚（Gary Beauchamp）卻發現，懷孕婦女在孕期最後三個月時多喝胡蘿蔔汁，他們的寶寶在出生幾個月後，明顯對胡蘿蔔口味的嬰兒食品有較高的偏好。由於胎兒舌頭上的味蕾一般會在孕期

十三至十五周間開始發育，因此研究人員認為，胎兒會透過母親的飲食習慣調整味蕾與腸胃道的發育。

因此我建議，想要做好胎教的準媽媽，最重要的就是保持愉快的心情，其次就是盡量保持均衡的飲食，從孕期就開始培養不偏食的孩子，這將是影響孩子一輩子的重大資產。

孕期好生活應對方法(四) 妊娠紋

孕期使用妊娠霜，尿液中塑化劑濃度比未使用者高出近3成

妊娠紋常見於皮膚較薄的腹部、胸部、臀部、大腿，以及常彎曲的膝蓋、腋下等處，發生時皮膚會先發紅、搔癢，繼而出現紅色條紋，摸起來甚至有凹凸感。根據調查，約九〇％的準媽媽在孕期中皮膚會產生妊娠紋，而且越年輕的準媽媽，妊娠紋出現的機率就越大，情況也可能越嚴重（見左頁圖），再加上分娩後這些妊娠紋仍會留在皮膚表面，因此妊娠紋對準媽媽來說，無疑是很大的打擊。

為了預防妊娠紋，不少準媽媽從懷孕初期就開始使用保養產品，卻不知這樣一來，反而可能使胎兒暴露在化學毒素的風險中。因為保養品可能含有塑化劑、鄰苯二甲酸鹽、定香劑、苯甲酸酯類、防腐劑等化學毒素（詳見第一〇二頁）。二〇一一年，成大環境醫學研究所教授李俊璋，針對國內七十六名孕婦進行追蹤研究後發現，孕婦懷孕時使用妊娠霜，尿液中塑化劑濃度比未使用者高出兩到三成，並且比美國人高四•五倍。由此可見，為預防妊娠紋而使用妊娠霜，風險實在太大。

許多準媽媽為了安全，會改成「抹油」，像是橄欖油、椰子油等食用級的油，雖然這樣做的確可以滋潤肌膚，也比保養品來得安全，但截至目前為止，不論是橄欖油還是椰子油都不能阻止妊娠紋的發生比例和嚴重程度。

二〇一二年，循證醫學系統評價資料庫（CDSR）曾發表一項綜述，這項綜述總結了橄欖油、可可脂等多種滋潤成分對於改善妊娠紋的醫學試驗，參與人數大約八百人，結果發現使用各種常見的皮膚潤澤成分與不做任何處理相比，幾乎沒有差別，換句話說，目前為止並沒有任何滋潤成分被證實能有效改善妊娠紋。

各年齡層準媽媽，皮膚產生妊娠紋的機率

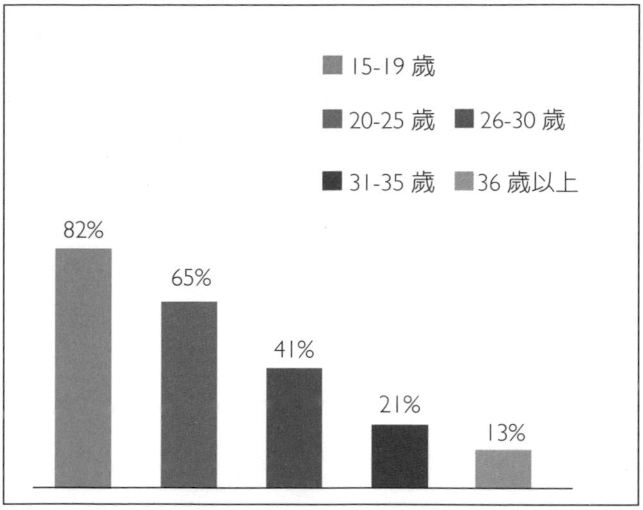

各年齡層準媽媽，皮膚出現嚴重妊娠紋的機率

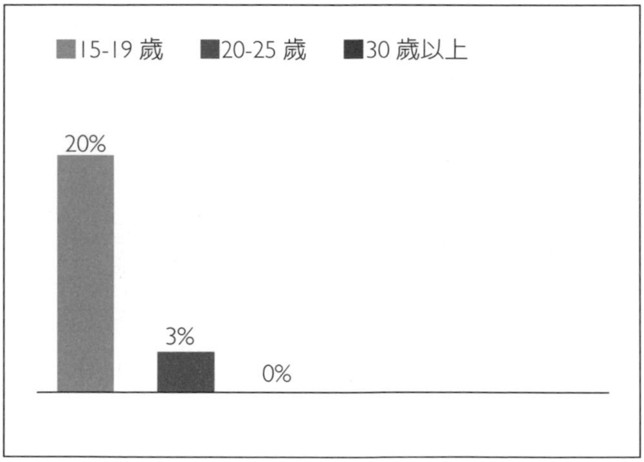

越年輕的準媽媽，產生妊娠紋的機率越大（上表），
而且出現嚴重妊娠紋的機率越高。

想要預防妊娠紋，塗塗抹抹不如控制體重

難道我們對妊娠紋只能束手無策嗎？雖然目前仍沒有任何臨床研究可以確定妊娠紋產生的原因，不過一般推測應該與孕期體內激素改變，以及皮膚下面的組織快速生長、迫使皮膚拉伸有關，因此想要預防妊娠紋，最有效的辦法就是控制體重。研究發現，孕期增重以十八公斤為分水嶺，體重增加小於十八公斤的準媽媽，妊娠紋發生率不到二分之一，而體重增加大於十八公斤的準媽媽，不僅妊娠紋顯著增加，而且出現嚴重妊娠紋的機率加倍。

此外，美國曾有研究將有妊娠紋與沒有妊娠紋的準媽媽分組，結果也發現有妊娠紋的準媽媽，體重平均比沒有妊娠紋的準媽媽重了三・六公斤，可見得要預防妊娠紋，與其塗塗抹抹，還不如控制體重。

要提醒的是，孕期的體重控制並不是要你節食，而是要選對食物、補對營養（詳見一〇八頁），尤其是蛋白質，不僅是建構胎兒器官、肌肉等組織的關鍵營養素，而且孕期攝取過低，還會增加發生妊娠紋的可能性，所以預防妊娠紋，建議準媽媽在控制體重的同時也要多吃魚，既提供胎兒成長發育所需，又能維持自己的健康美麗，一舉兩得！

孕期好生活應對方法(五) 旅行

想要安全「帶球」走，請掌握5大要訣

很多夫妻會想趁孩子出生前出遊享受最後的兩人時光，但又擔心旅途中可能的危險，特別是出國或長途旅行；其實，孕婦並非不能出國旅行，只是比起一般人，旅行前的規劃得更小心。想要安心「帶球」趴趴走，請準爸媽們務必掌握以下五點：

①選擇適合的時期：第2孕期最穩定

孕期搭飛機，會增加流產、早產、靜脈血栓的風險，因此在胚胎剛著床、還不穩定的第

一孕期（一至三個月），以及懷孕最後階段、身體水腫較厲害的第三孕期（七個月以上），應盡量避免搭飛機。

孕期想要搭機出國，最好選擇比較穩定的第二孕期（四至六個月），不過這是指一般健康的孕婦，假如準媽媽的身體出現一些合併症狀，例如貧血、不明原因出血、妊娠高血壓、胎盤異常等，那麼無論是哪個孕期，仍不建議出國或進行長途旅行。

②選擇旅行目的地：遠離3高（高溫、高疫情、高海拔）景點

肚子裡懷有小生命的準媽媽，身體狀況較特殊，旅遊目的地應該避免選擇「三高」景點，也就是避開高溫、高疫情、高海拔的地區。由於準媽媽的新陳代謝較快，而高溫環境又會使孕婦的新陳代謝變得更快，會讓準媽媽覺得加倍不適，甚至造成低血糖、影響子宮血流等不適情形，應該避免。假如是無法預期的氣候變化，建議一定要攝取足夠的水分，並且善用空調等設施來降溫，以免中暑。

其次，準媽媽生理會有較多變化，因此不建議到蚊蠅多、衛生差、醫療落後的地方旅遊，傳染病盛行的地區尤應避免，像是二〇一六年在國際間蔓延的茲卡病毒，孕婦感染就可能造成胎兒小頭症及其他腦部嚴重缺陷，其中又以第一孕期（懷孕前三個月）孕婦風險最高，所以千萬不可抱持僥倖心態，出遊前務必先了解國際旅遊疫情，以確保旅遊安全。

此外，高海拔地區，可能因為空氣稀薄、氣壓降低等因素而引發心跳加快、呼吸困難等各種身體不適，因此身體有狀況的人不建議進行高海拔旅遊，準媽媽自然也不例外。

一九八五年，瑞士研究者曾帶領十二名已懷孕三十到三十九周的準媽媽到海拔兩千兩百公尺的山上騎腳踏車，結果發現胎兒心率改

變雖然不大，但媽媽心跳、呼吸頻率增快，血壓也明顯升高。由於孕婦比一般人所承擔的風險更高，因此就算準媽媽和胎兒的狀況良好，也不建議選擇高海拔地區作為旅行目的地。

③注意交通：避免久坐不動，每90分鐘站立、伸展

無論是坐車還是搭飛機，準媽媽應注意不可久坐不動，因為骨盆腔胎兒壓迫，所以懷孕期間下肢靜脈循環較差，一旦久坐不動，下肢血液不容易回流，時間久了就會腫脹，甚至造成靜脈曲張，而且會有靜脈血栓的風險。因此，在交通過程中請不要長期保持一個姿勢，例如自己開車出遊，最好每九十分鐘就停車休息，下車走動幾分鐘。假如搭飛機，則建議預訂靠走道的座位，方便在飛行中站立一下、伸展雙腿。此外，建議準媽媽可以穿著醫療級的靜脈曲張襪，對下肢血液回流也有幫助。

附帶一提，為了確保安全，坐車、搭飛機時務必繫好安全帶，否則面臨緊急狀況急剎車時，腹部的直接衝擊，不僅可能導致胎盤剝離和流產，還可能危及媽媽和胎兒的生命安全，所以雖然挺著肚子繫安全帶很痛苦，但想要安全「帶球跑」，這點小小的不適，絕對要忍耐。

④注意飲食：不喝生水、多吃蔬果

旅程中，應避免吃生冷、不乾淨或吃不慣的食物，以免造成消化不良、腹瀉等身體不適。此外，懷孕時因荷爾蒙變化，會使腸胃蠕動變慢，加上增大的子宮擠壓腸道，限制了腸道正常活動，特別容易便秘和脹氣，有時因旅遊飲食改變和精神緊張，會更容易便秘。便秘不僅會造成腹脹、腹痛等不適，還可能引發痔瘡，甚至因排便用力而引起子宮收縮，導致出現早產或流產的風險，千萬不可輕忽。建議旅程中不妨準備一些富含膳食纖維的零食，並且多吃蔬菜水果、多活動、多喝水，早上保留充足的時間上廁所，避免嚴重便秘的情況。

⑤注意搭機次數：不超過4次為宜

孕期雖然可以搭飛機出國旅遊，但還是有飛行次數的限制。首先是高空中的輻射劑量，根據研究，十次來回從多倫多到法蘭克福的飛行，胎兒所承受的毫西弗（用來衡量輻射劑量對生物組織影響程度的國際單位制導出單位）劑量，就會超過胎兒建議上限一毫西弗[2]，證實飛行途中的宇宙輻射和太陽輻射量的確較大，次數過多，對胎兒健康的確有影響。另有研究發現，交配後的母鼠在人工光源環境下，每五到六天就將光週期提前六小時，提前四次之後，只有二十二%母鼠順利生產，但在正常光週期下的對照組母鼠，順利生產的比率則高達九〇%[3]，由此可見，時差不僅會使身體疲累，對懷孕也有一定的影響。為了安全起見，建議孕期搭機出國，最好以不超過四次為宜。

孕期好生活應對方法㈥ 運動

孕期運動對媽媽好，對寶寶也有幫助

懷了小寶寶後，很多準媽媽因擔心動了胎氣，會刻意減少活動量。其實孕期適當運動，不僅能改善血液循環及不舒服症狀，對分娩也有所幫助。而且，孕期運動對胎兒的大腦、感覺器官、平衡器官以及呼吸系統的發育也有幫助，目前經研究證實的效果有：

①有助寶寶的身體控制能力

一九九九年，六十個準媽媽參與了一項科學研究，發現孕期有運動習慣的媽媽，寶寶出生五天後就能顯示出較好的空間刺激定位能力，以及對聲音和光刺激做出反應的身體控制力。

②有助寶寶的認知能力與聽覺記憶

二〇一三年聖地亞哥召開的神經學大會上，加拿大科學家公布了一項初期研究，他們讓一些準媽媽在懷孕中期和晚期進行中等強度的運動，每次最少二十分鐘，每周三次，而對照組則保持忙碌生活。結果發現，孕期進行中等強度運動的媽媽，寶寶出生後八至十二天，認知能力以及聽覺記憶的測量結果明顯較好。

③有助寶寶的心臟功能

美國科學家研究發現，每周至少運動三次的準媽媽，寶寶不僅出生後瘦一點，而且在出生之前就顯示出更好的心臟功能，這個優勢在孕期三十六周時尤其明顯。

孕期運動雖然好處多多，但也並非毫無限制，應謹記孕期運動三不原則：不宜過度劇烈、不宜過熱、不宜脫水。首先，準媽媽在選擇運動項目時，應該考慮活動的強度，尤其在懷孕早期三個月和晚期二個月時，應嚴禁作跳躍、旋轉和突然轉動等激烈的、大運動量的鍛鍊，以免造成流產和早產；同時，整個懷孕期間都應避免腹部擠壓、劇烈震動腹部的運動，例如滑雪、籃球、排球等。二是不宜過熱，例如孕期可以做瑜伽，但要避免高溫瑜伽，以免因環境溫度太高，子宮供血量減少，對母體和胎兒造成危險。三是不宜脫水，因此準媽媽在運動時一定要注意隨時補充水分，而運動過程中最好有親友在旁陪伴，一旦運動期間發生任何狀況，才能有人協助、確保安全。

孕期好生活應對方法(七) 睡眠

每晚睡眠一定要超過6小時

孕婦在妊娠期間很容易疲累，所以需要補

小心！有這些問題的準媽媽，是不適合運動的！

雖然運動帶來許多好處，但有些準媽媽因本身罹患疾病或孕期併發症等等緣故，是不適合運動的，應暫停運動的狀況有：

- 宮頸功能不全
- 孕中期和晚期出血
- 心臟病
- 前置胎盤
- 胎兒發育不正常

充睡眠，但要睡多久才算足夠呢？根據二〇〇四美國婦產科期刊指出，懷孕期間每日平均睡眠如果不足六小時，剖腹產的機率是睡滿六個小時媽媽的四・五倍，發生早產、早期胎盤剝離的機率也會因此提升，雖然原因至今不明，但可以確定的是，充足的睡眠對準媽媽來說是相當重要的，尤其懷孕初期，每日睡眠時間絕對不能少於六個小時。

要注意的是，懷孕後因為荷爾蒙改變，加上孕肚逐漸變大等影響，許多準媽媽的睡眠品質並不好，時常會半夜醒來，導致深度睡眠不足，因此比一般人需要更多睡眠時間。假如準媽媽有夜晚不易入睡的困擾，建議減少午睡時間，因為夜間的睡眠對於人體來說最為重要，就算白天真的很想睡，也盡量不要睡太久，否則反而會影響夜間睡眠。

左側睡可幫助改善打鼾、減輕動脈受到壓迫

此外，有些孕婦會因體型變化而導致呼吸道變窄，因此開始打鼾。根據二〇〇五年一項中國孕婦的調查報告顯示，沒有懷孕的女性打鼾比例只有四％，但懷孕後打鼾比例會大幅提高。懷孕三期出現打鼾的比例分別為二十九・七％、四〇・五％、四十六・二％。雖然打鼾未必會影響睡眠品質，不過打鼾嚴重者有一半會出現「睡眠呼吸中止」，而睡眠呼吸中止會使孕婦血液中的氧氣濃度降低，加重日間嗜睡的程度，同時提高子癇前症、妊娠糖尿病、肺高壓、低體重兒等併發症的發生率。二〇〇五年另一項英國的研究也證實，子癇前症孕婦的打鼾、日間嗜睡程度都比正常孕婦嚴重，因此準媽媽如果有打鼾問題，一定要謹慎面對。

想避免孕期打鼾太嚴重，首先是控制體重（詳見第一〇四頁）。肥胖是引起打鼾的重要原因之一，其次則是調整睡姿，儘量不要仰臥，因為仰睡時舌頭會向後推，阻礙呼吸道暢通。至於側睡，左側睡和右側睡也有玄機喔。

二〇一一年一項統計研究發現，仰睡和右側睡（尤其在出生前一天）發生新生兒死亡的比例達千分之三•九三，比左側睡的千分之一•九六多了將近一倍[4]。根據醫界推測，左側臥睡姿可以減輕增大的子宮對準媽媽主動脈及骼動脈的壓迫，有助維持子宮血管和胎盤的血流量，確保供氧給胎兒。假如不習慣左側睡，不妨在背部放個抱枕撐住身體，這樣一來就能防止睡著時翻身，自然養成側臥睡覺的習慣。

孕期好生活應對方法(八) 性生活

對夫妻情感和胎兒發育都有加分

懷孕後可以有性生活嗎？孕期做愛會不會「頂撞」到寶寶呢？許多準爸媽因為擔心孕期性愛會傷害未出世的寶寶，所以懷孕後就展開禁慾生活。其實除非準媽媽身體有特殊狀況，否則健康、適度的性生活不但是可以的，還能增進夫妻之間的感情，對寶寶也有幫助。因

孕期仰睡 VS. 側睡對子官的影響

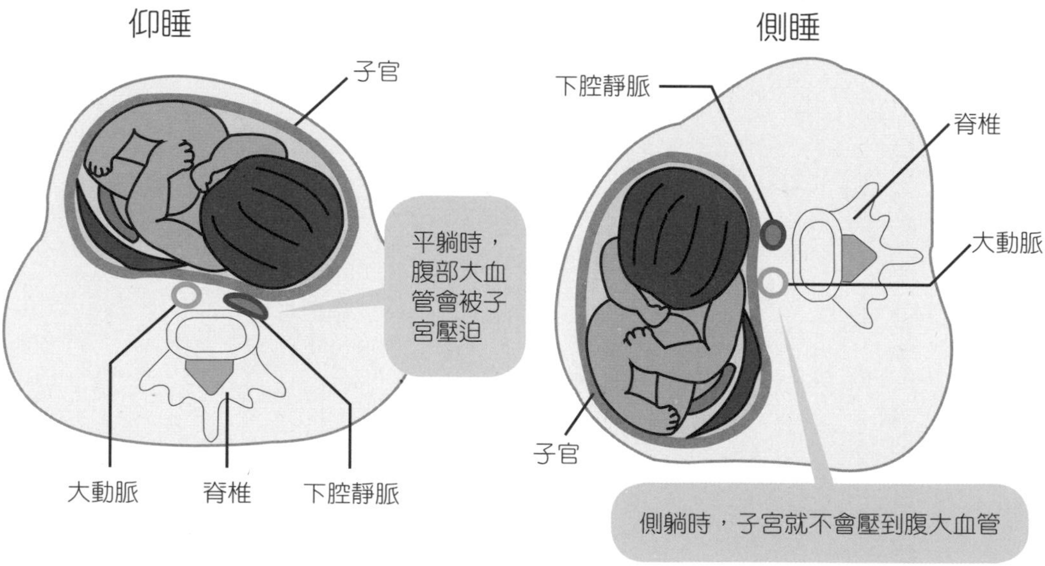

為眾多研究皆顯示，孕期夫妻感情和睦恩愛，孕婦心情愉悅，能促進胎兒的生長和發育，使生下來的孩子反應更敏捷，語言發育早而且身體健康。

有些書籍或網路資訊可能會建議在懷孕前三個月和最後三個月的性行為不安全，但根據最新的醫學證據顯示，只要準媽媽的身體一切正常，整個孕期都可以有性生活，高潮並不會導致流血和流產，做愛也不會戳到寶寶。因為子宮頸是封閉的，而寶寶又被安全地包覆在充滿液體的羊膜囊中，除非伴侶有性疾病，或者性生活動作過分猛烈，否則根本不必擔心傷到寶寶。但如果準媽媽身體有特殊狀況的話，就必須禁止性生活，以確保孕期安全。

1. Sherman PW, Am J Obstet Gynecol. 2002.
2. Chen J ,Health Phys. 2008.
3. PLoS ONE.
4. T Stacey , BMJ 2011.

孕期 5 大必須禁止愛愛的特殊狀況

① 出現腹痛和陰道出血症狀
② 有前置胎盤問題
③ 有子宮頸機能不全問題
④ 有先兆流產風險
⑤ 有流產史、早產史

Part 3

月子期照護重點，守護媽咪和寶寶健康

善用坐月子提供營養、防止毒害

進入第三孕期的小珍，和老公講好產後要住在月子中心，因為不僅事事有人打理，更重要的是有藥膳、補品可滋補生產所耗損的元氣，然而跑了好幾家，小珍這才發現自己太晚物色，幾家口碑好的月子中心都已經額滿，讓她不知如何是好。產後重要的月子期，必須在家自己來時，該怎麼做呢？

民間有句俗話說，「月內無做好，到老就艱苦」，因此剛生產的姍姍，在兩家長輩的要求下，天天以魚湯、炒豬肝、麻油雞湯進補，而且還有一大堆限制，像是不能喝水、不能看書、不可吹風，也不能洗澡、洗頭等，一個月下來，讓她簡直快要發瘋，但又怕不照著做，真的會落下病根，實在不知如何是好？

剛生產的小芳，想餵母奶，所以不斷熱敷、按摩、擠奶，還天天吃「發乳餐」，但母乳量卻還是只有一點點，寶寶把乳房吸到破皮也吸不到，因此天天哭鬧，讓小芳挫折感很大。她不明白，同樣是在坐月子的媽咪，為什麼有人胸部明明不大，母乳卻相當充沛，而她自己卻擠不出來，難道寶寶一出生，就得吃配方奶嗎？

寶寶出生後，媽媽好像可以鬆口氣了，但其實不然，新的狀況和煩惱又在坐月子時接踵而來，令人措手不及。坐月子到底重不重要呢？媽媽要如何坐月子，才是真正對媽媽和寶寶好呢？

要知道，「坐月子」是華人社會的傳統習俗，最早可追溯至西漢《禮記內則》，距今已有兩千多年的歷史，本意是讓女性在產後一個月左右時間裡，透過特定的生活方式幫助身體復原，並減輕或避免產後出現慢性病痛（俗稱「月子病」），像是不能吃蔬菜、水果以及生冷食物，不能下床活動，不能外出見風，不能看書、不能哭，必須避水，所以煮湯不能用水（只能用米酒），也不能洗澡、洗頭、甚至洗臉刷牙，同時還要吃麻油雞、生化湯等月子餐來進補等，產後一個月內的限制和禁忌相當多。

傳統坐月子有其時代背景

其實，傳統坐月子禁忌的確不是迷信，而是有當時的時代因素。古時候的人，營養、生活環境和醫療水平都不比現在，而生產的風險又高，因此才會衍生出坐月子的習俗：不能下床活動，為的是讓產婦能在月子期間能好好休養生息；月子餐要吃麻油雞、生化湯、腰子、豬心和豬肝，是因為一般家庭的女性少有吃肉的機會，一旦蛋白質攝取不足會使產後傷口難以復原，不僅影響行動，也容易造成感染，所以必須靠進補補充產後身體修復所需的營養；至於避水（不能洗澡、洗頭，煮湯也不能用水），則是為了預防產褥熱。

有句俗諺說，「拚的過麻油香，拚不過棺材板」或「生贏雞酒香、生輸四塊板」，就是因為在過去不少婦女因產褥熱死亡的關係。而引起產褥熱的最主要原因就是接觸了被細菌、病毒感染或是被微生物汙染的水。在過去，人們還沒有細菌、病毒與微生物的概念，因此才有坐月子要避水的說法，換句話說，許多傳統的月子禁忌，只是過去衛生條件不好下的權宜之計。

坐月子的真正目的→提供營養&防止毒害

隨著生活條件改變，坐月子的規矩也該適當調整、因時制宜。現代媽媽們在產後究竟該注意什麼？是不是一定要去坐月子中心才能獲得合宜的照顧呢？

我認為，很多月子中心給的月子餐食材沒有檢驗過、容器用塑膠封口，如此去月子中心不如自己坐月子來得好，因此重點在於能不能掌握產後坐月子的關鍵。坐月子的關鍵是什麼呢？從兩千多年的流傳下來的坐月子習俗來分析，不難發現，雖然傳統坐月子的規矩很多，但真正目的不外以下兩項：

①**提供產後媽媽與新生兒所需的營養**：傳統吃麻油雞、生化湯等月子餐來進補，目的是提供母體修復和嬰兒成長（母乳哺餵）所需的營養。

②**避免產後媽媽與新生兒受環境毒害**：傳統不能下床活動、不能外出見風、不能洗澡、洗頭、甚至洗臉刷牙等眾多行為禁忌，目的是讓產婦充分休息，並且避免母親與新生兒受到細菌、病毒或微生物的傷害。

因此想好好坐月子，只要掌握以上兩個目的，再根據現代環境與個人情況調整，滿足以下重點，就能透過「坐月子」，幫媽媽和寶寶的健康加分！

①媽媽的營養攝取↓滿足產後身體修護&哺餵母乳所需

②寶寶的營養攝取↓母乳、配方乳、副食品的階段運用

③做一個無毒媽媽↓給寶寶安全、安心的成長環境（見附錄一）

CH7

產後照護① 媽媽的營養攝取↓滿足產後身體修護與哺餵母乳所需

對產後媽媽來說，坐月子的目的在於提供營養，修復母體，讓媽媽恢復身體應有機能，同時補充哺餵母乳所需的養分，以滿足寶寶的母乳需求。如果只知道一味進補，不僅會攝取過多熱量造成產後肥胖，也不見得能補充寶寶及身體真正需要的營養素。因此，坐月子時想要吃得營養又健康，月子餐至少應該把握以下六大重點。

月子餐重點(一) 掌握熱量

哺乳媽媽每日熱量增加500卡

★產後攝取量：哺乳媽媽每日2100大卡、未哺乳媽媽每日1600大卡

月子期的營養關鍵不在「多吃」，而是和孕期一樣，應該在「均衡飲食」的前提下，針對特殊營養需求「重點加強」，因此月子餐的第一重點應該是「掌握熱量」，先確定每日熱量需求，再以此搭配產後特殊營養需求擬訂每日菜單。

產後媽媽每日需要多少熱量？基本上，產後的熱量需求會依「有沒有哺餵母乳」而有所不同。如果是有哺乳的媽媽，根據衛生福利部建議，每日熱量應比一般成年女性（每日建議熱量為一千六百大卡）多五百大卡，也就是在均衡攝取全穀根莖類、豆魚肉蛋類、蔬菜類、水果類、低脂乳品類、油脂（堅果種子）類等六大類食物的前提下，針對月子期所需

產後媽媽每日飲食建議

食物類別	一般成年女性	沒有哺乳的媽媽	哺乳媽媽（每日增加攝取量）	份量說明
熱量	1600 大卡	1600 大卡	2100 大卡（+500 大卡）	
全穀根莖類	2.5 碗	2.5 碗	3~3.5 碗（+0.5 ～ 1 碗）	1 碗 ＝飯（或芋頭、地瓜、山藥）200 公克 ＝中型饅頭一個＝薄片吐司 4 片
豆魚肉蛋類	3 份	4 份（+1 份）	4 份（+1 份）	1 份 ＝ 240c.c. 豆漿 ＝傳統豆腐 4 格（80 公克） ＝雞蛋 1 個 ＝魚、肉（去骨）30 公克
蔬菜類	3 碟	3 碟	4 碟（+1 碟）	1 碟 ＝ 100 公克（煮好後約半碗飯的份量，應有一半是深綠色蔬菜）
水果類	2 個	2 個	3 個（+1 個）	1 個 ＝橘子 1 個 ＝芭樂 1 個 ＝小蘋果 1 個 ＝奇異果 1.5 個
低脂乳品類	2 杯	2 杯	3 杯（+1 杯）	1 杯 ＝牛奶或優酪乳 240c.c. ＝乳酪 2 片
油脂與堅果種子類	6 茶匙	4 茶匙（-2茶匙）	8 茶匙（+2 茶匙）	1 茶匙 ＝ 5c.c. 油脂 ＝杏仁果、腰果等堅果 5 顆 ＝核桃仁 2 顆 ＝芝麻 2 茶匙

的營養增加分量。不過，產後如果沒有哺乳，因為每日的熱量需求不會增加，就應該更加注意熱量的控管，必須在不增加熱量的前提下調整飲食。建議可從油脂開始減少，最好用燉、煮、清蒸等方式烹調，同時主食（全穀根莖類）的分量也不要刻意增加，才能避免熱量囤積而發胖。

在「均衡飲食」前提下，針對產後特殊需求「重點加強」

此外，主食必須從醣類（澱粉類）食物的「五穀根莖類」，調整成「全穀根莖類」，以增加微量元素與膳食纖維的攝取。所謂「全穀」，就是含有胚乳、胚芽和麩皮的完整穀粒，包括：糙米、紫米、全蕎麥、全大麥等等。

要注意的是，市面上雖然有很多標榜天然、養生的全穀製品，但實際上穀類的比率都偏低，購買前應注意產品標示，看穀類成分是否占總重量的五十一％以上，才符合「全穀」標準。

確定每日所需攝取的熱量後，接下來就是針對產後特殊營養需求來調整每日菜單了。為了達到「修復母體、恢復身體機能」，以及「提供母乳養分、滿足寶寶成長所需」兩大目的，這個階段應加強蛋白質等營養素，其重要性與攝取量，可參考一五九頁的表格，及接下來的月子餐的營養重點。

月子餐重點㈡ 多吃魚

攝取足夠的優良蛋白質

★產後攝取量：每日65公克（相當於4份魚肉蛋豆）

月子餐要增加的營養素第一個就是「蛋白質」。傳統坐月子得天天吃麻油雞、腰子、豬心和豬肝，目的也在此。為什麼產後需要特別補充蛋白質呢？主要原因是：

蛋白質食物可幫助生產傷口癒合

不論是自然產或是剖腹產，一定都會有傷口，而蛋白質具有修補及建造人體組織的重要功能，因此坐月子應多補充富含蛋白質的食物，以幫助傷口修復。

蛋白質食物會影響乳量及母乳品質

蛋白質有「身體建築師」之稱，是構成及修補細胞、組織和合成多種荷爾蒙、酵素及免疫球蛋白的營養素，坐月子時若蛋白質攝取不足，缺乏製造原料，會影響哺乳媽媽的泌乳量，其次則是會導致母乳所含的蛋白質比例降低，影響母乳品質，進而無法滿足寶寶成長發育所需。

有鑑於此，產後媽媽每日應增加十五公克蛋白質的攝取，也就是每日蛋白質的攝取量須達六十五公克，而其中一半以上應來自高生物價值的蛋白質，像是魚、豬、雞、牛等肉類，其中又以魚肉最佳。

魚的蛋白質對產後媽媽和新生寶寶好處更多

有些媽媽可能會納悶，傳統坐月子不是都吃麻油雞，為什麼月子餐應該多吃魚，而不是雞呢？在過去之所以會讓產婦吃雞，主要是因為以前有很多地方吃不到魚，但一般農家都會養雞，所以雞的取得最為容易。但時至今日，食材取得方便，這時自然得選擇對產後媽媽和新生寶寶好處更多的魚，因為吃魚比吃肉可以更快修復人體組織，所以對媽媽的傷口復原更有幫助。

此外，寶寶大腦的發育不是一出生後就定型，仍需要大量的DHA。研究發現，日本媽媽因為常吃魚，乳汁中DHA含量高達二十二%，居全球第一；二〇一五年高雄醫學大學及國衛院合作發表的研究也顯示，多吃魚的確能增加母乳和臍帶血中的DHA含量[1]；Starling博士發表在二〇一五年國際重要《營養期刊（Nutrients）》的中繼分析，也從兩百七十九篇研究、四萬多個案中證實，孕婦、產婦多吃魚，可有效促進孩子的神經發育、運動能力和智力發展。因此我主張「坐月子吃雞不如吃魚」，產婦多吃魚，不只對自己好，而且對寶寶更好！

產婦吃魚須避開高風險魚類和高殘留部位

提到多吃魚，很多人立刻會擔心魚的重金屬汙染風險，特別是汞和鉛等重金屬問題。台北醫學大學公共衛生系教授韓柏檉二〇〇六年二月發表在期刊《Chemosphere》的研究便發現，母乳不僅含汞，而且都市媽媽的母乳中，平均汞含量（二・〇二μg／L）竟然和漁夫血液中的汞含量（二・〇四μg／L）相去不遠，進而估算出幼兒暴露值九十六％以上來自母乳。所以儘管我建議坐月子時應該多吃魚，但也不能亂吃魚，最好選擇通過重金屬檢驗的魚，或是避開鯊魚、鮪魚等食物鏈頂層的大型魚類，選擇小型的鯖魚、竹筴魚或秋刀魚，會比較安全。此外，重金屬會累積在魚油脂多的部位，所以吃未經檢驗的魚應避免吃魚頭、魚皮和魚的內臟脂肪，同時建議攝取多樣化，不同的魚輪流吃，好分散風險（漁獲選購要訣，詳見第九四頁）。

月子餐重點㈢ 午晚1顆魚油

提升母乳的DHA

★產後攝取量：每日1至2公克的DHA＋EPA，持續補充至哺乳期結束

人體大腦發育有兩個「黃金高峰期」，一是從懷孕到出生的胎兒時期，這個階段腦細胞會快速增加，出生時大約已經有接近成人的腦細胞數量（約一百至一百八十億）；二是從出生開始到十歲左右，尤其在〇至三歲，不僅腦細胞的體積會增加，腦神經也會不斷增生，這時若能提供腦部發育所需的營養以及豐富的生活經驗刺激，對寶寶智力發展有很大的幫

請注意！魚身上的這三個部位，毒素含量最高！

重金屬會累積在魚油脂多的部位。以汞為例，即使同一隻魚，各部位的含汞量也大不相同，由高至低分別為：魚頭＞魚皮＞魚的內臟脂肪＞魚肉＞魚子，因此吃魚不僅要挑魚種，還要避開魚頭、魚皮和內臟脂肪三大危險部位。

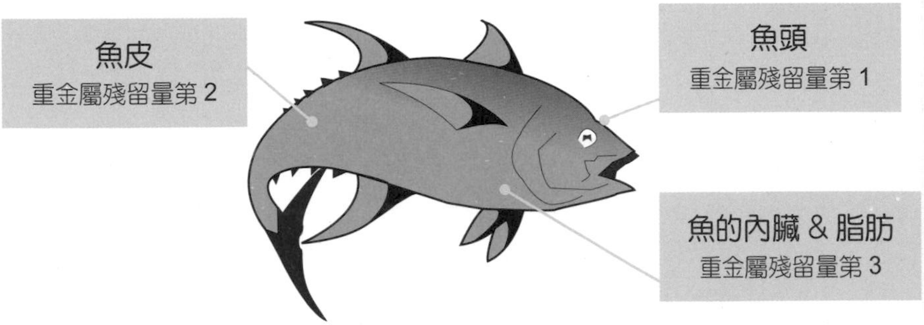

助。因此我認為哺乳媽媽光是多吃魚還不夠，哺乳期間每天午晚還必須補充一顆魚油，才能讓寶寶經由母乳攝取足夠的DHA。

事實上，我認為補充魚油是產後營養中非常重要的一環，目前已經過人體研究證實的效果有：

①增加母乳及寶寶血液中的DHA含量

多項研究證實，補充DHA的媽媽，乳汁中的DHA含量會比沒有補充的媽媽平均高出七十五％，而她們的寶寶，不僅血液中的DHA含量高出三十五％，而且視力和神經功能也明顯較好[2]。

②促進寶寶大腦、眼睛、神經系統和免疫系統的發育

孩子的智力是可以在出生後補救的，關鍵就在於掌握出生後這段大腦發育的第二黃金期！一項針對嬰幼兒頭圍發育的研究發現，產後媽

媽每天吃四・五克魚油，哺乳四個月後持續追蹤到寶寶二・五歲，這些寶寶的頭圍發育，明顯優於媽媽只吃一般橄欖油的寶寶[3]。二〇一五年發表的DHA與神經發育研究也證實，孩子只要能獲得足夠的DHA，十二歲時的語言理解、知覺推理、記憶力和IQ整體智商，都會有更好表現[4]。此外，DHA對於神經系統、眼睛、免疫系統的發育很重要，尤其是懷孕最後三個月到寶寶滿兩歲這段期間，是腦神經快速發育的關鍵期[5]，這時若沒有攝取到足夠的DHA，孩子大腦和神經系統發育將會受到損害。

③ 使寶寶不會過胖

研究發現，媽媽在哺乳或懷孕期間，如果增加魚油的攝取，她們的寶寶多半不會過胖、BMI值也明顯較低[6]，對孩子的健康有一定助益。許多爸媽會有孩子「小時候胖不是胖」的迷思，以為等孩子長大就會抽高變瘦，這樣的錯誤觀念也使得爸媽無意間成了孩子肥胖的幫凶。根據研究，十二歲以前若是肥胖，將來仍然肥胖的機率，男性高達八十六%，女性高達八十八%。這些從小就胖的孩子，除了長大仍舊肥胖外，也容易罹患早發性糖尿病、氣喘等問題；近期甚至有研究指出，比起正常小孩，肥胖兒童的血管硬度較高、心跳較快，血管內皮功能也較差，長期下來可能導致心臟結構異常，長大成人後，心血管疾病風險將比一般人高出一至兩倍，千萬不可小看兒童肥胖問題。

④ 降低產後憂鬱症

補充魚油，還可以降低產後憂鬱症的發生率[7]。臨床研究發現，大約有十%到十五%的產婦會罹患產後憂鬱症，這些媽媽可能會自覺一無是處，或是有毫無緣由的罪惡感，進而導致無法照顧嬰兒，嚴重時還可能出現自殺意念，甚至嘗試自殺或戕害嬰兒。麻煩的是，因產婦需要哺乳，為了怕寶寶透過乳汁攝取藥物，很難給予藥物治療。因此補充魚油是比較好的預防。

特別要提醒的是，產後媽媽所吃的魚油，DHA、EPA比例同樣應接近三比一，才能滿足胎兒需求；至於魚油的選購、保存重點，以及每顆魚油中的DHA和EPA含量計算，請詳見一一九頁的詳細說明。

月子餐重點(四) 維生素及礦物質

滿足媽媽和寶寶身體需求

★產後攝取量：所有維生素及礦物質的需求量都會增加，但須特別注意以下三項營養攝取

①葉酸：每日500微克

②鐵：每日45毫克

③鈣：每日1000毫克

產後飲食的第四重點是維生素與礦物質，因為分娩前後的失血及產後哺乳會使媽媽體內的維生素與礦物質大量流失，所以要儘速補充，否則將會影響產後媽媽身體健康功能的恢復，甚至導致身體抵抗力降低。此外，寶寶出生後的前六個月，腦部、骨骼及各項器官發育都需要經由母乳提供完整的營養，換句話說，寶寶成長所需的維生素與礦物質也全賴母乳提供，因此產後媽媽維生素及礦物質的需求量是相當大的。

維生素及礦物質的種類繁多，對產後的哺乳媽媽來說，需要特別注意補充的是：維生素B群、維生素A、維生素C以及葉酸。建議哺乳媽媽可以多吃含有這些成分的蔬果，或是適度補充綜合維他命。不過，哺乳媽媽每日需要五百微克的葉酸才能滿足自己和寶寶所需，因此一般綜合維他命的含量如果不夠，可能就得另外補充葉酸才行。

產後維生素與礦物質不足，會影響身體功能恢復

另外，產後媽媽應該加強攝取鐵、鈣、鋅、碘、硒等礦物質，尤其是鐵和鈣。因為鐵是人體造血的重要元素，產後媽媽需要加強鐵質攝取，來幫助身體補回分娩過程中的失血。此外，懷孕末期，胎兒雖然會從母體吸收大量的鐵質儲存在體內，以利出生後造血使用，但仍有部分的鐵質須經由母乳持續提供，因此坐月子期間，哺乳媽媽的鐵質需求量比孕期還要高。根據國人膳食營養素參考攝取量（Dietary Reference Ineakes,DRIs）建議，哺乳期媽媽的每日鐵質攝取量應增加至每天四十五毫克。

除了鐵之外，鈣的補充也不能疏忽。根據國民營養調查指出，國人鈣質的攝取普遍不足。要知道，鈣是形成骨骼、牙齒最主要的營養素，對成長中的寶寶骨骼發育非常重要。雖說媽媽鈣質攝取量不足通常不會影響乳汁中的鈣質濃度，然而哺乳媽媽若是缺鈣，為了優先滿足母乳所需，身體便會將母體骨骼和牙

產後媽媽維生素及礦物質的需求量會大幅增加

維生素及礦物質	每日需求量
鈣	1000 毫克
鐵	45 毫克
鋅	15 毫克
碘	250 微克
硒	70 微克
維生素 A	900 微克
維生素 B_1	1.2 毫克
維生素 B_2	1.4 毫克
維生素 B_6	1.9 毫克
維生素 B_{12}	2.8 微克
維生素 C	140 毫克
維生素 D	10 微克
維生素 E	15 毫克
葉酸	500 微克

齒中的鈣提取出來，進而影響媽媽骨骼和牙齒的健康。

為了避免這種情況，建議產後媽媽應加強鈣質攝取，每日攝取量應增加到每天一千毫克，而且乳汁分泌量越大，鈣的需要量就越大，才能維持媽媽血液以及乳汁中的鈣質濃度。而要讓鈣質吸收別忘了一定要吃充足的維生素D。

月子餐重點(五) 發奶食物

成功讓寶寶喝到充沛的母乳

★發乳食物3大特性：湯湯水水、高油脂、高蛋白質

所謂「發乳食物」，就是母體所需要的乳汁原料。媽媽們可以把自己想像成是母乳製造廠，想製造源源不絕的乳汁，就得先有足夠的原料才行。身體製造母乳到底需要哪些原料呢？主要有：水、碳水化合物、脂肪、蛋白質，以及維生素與礦物質五大成分。

由於東方人以米麵為主食，所以母乳中的碳水化合物占比雖位居第二，但日常攝取通常已綽綽有餘，而維生素與礦物質所占比例平均不到一%，雖然重要卻無法促進發乳；換句話說，想要有豐沛母乳，媽媽們應該多攝取水、脂肪與蛋白質，因此能夠幫助發乳的食物，大都具有「湯湯水水、高油脂、高蛋白質」三大特性：

發乳飲食① 多喝湯湯水水

母乳最主要的成分就是水，約占八十八%，因此一定要攝取足夠的水分，才能幫助身體新陳代謝並製造乳汁。建議媽媽們產後每天至少要喝兩千五百至三千毫升的水，以促進乳汁分泌。

發乳飲食② 高油脂

脂肪是母乳第三大主要成分，平均占四・

高蛋白質的發乳食物

魚肉蛋奶類	豆類	堅果類
魚、肉、動物內臟、蛋、啤酒酵母、牛奶、乳酪、優酪乳等	豆漿、豆腐、紅豆、花生、黑豆等	芝麻、核桃、葫蘆巴等

二％，母乳的熱量有一半由脂肪所供給，是嬰兒重要的熱量來源，也負責提供人體所需但無法自行合成的必須胺基酸（如DHA），對寶寶腦部、神經系統和視網膜發育非常重要。傳統坐月子會吃麻油雞、腰子、豬心和豬肝等料理，部分的原因就在此。不過對現代媽媽來說，日常飲食所攝取的脂肪其實大多已經足夠，不須特別補充，建議只要每天兩顆魚油，補充足夠的DHA即可。倘若是為了發乳需要，可先適度吃一些試試看，但不建議天天吃，否則很可能發乳不成，反倒發福，影響媽媽的健康。

發乳飲食③ 高蛋白質

母乳第四個主要成分是蛋白質，平均約占一％，主要可分為酪蛋白和乳清蛋白。其中乳清蛋白對寶寶來說屬於易消化的乳漿，含有多種具營養與生理功能的成分，可增進免疫功能，協助對抗病毒和抑制壞菌生長；此外，母乳還有許多其他重要的蛋白質，如抗體、乳鐵蛋白（有助鐵的吸收）、生長因子（促進乳酸菌生長）等。

其實，從發乳食物特色來看，我們不難發現傳統月子餐之所以以魚湯、麻油雞、麻油豬肝湯、麻油腰花湯、豬腳燉花生等菜色為主，也是因為這類食物正符合「湯湯水水、高油脂、高蛋白質」等三大特性，有助發乳。只不過傳統月子餐對現代媽媽來說，油脂太多、太油膩，要避免食用過多。此外，由於每個人的情況不同，發奶食物的效果也因人而異，可能同一種食物會讓A媽咪發奶，卻會造成B媽咪退奶，所以媽媽們不妨

哺乳餐點、飲品、保健補充品推薦

①發奶餐點（沒有人體試驗的證據）

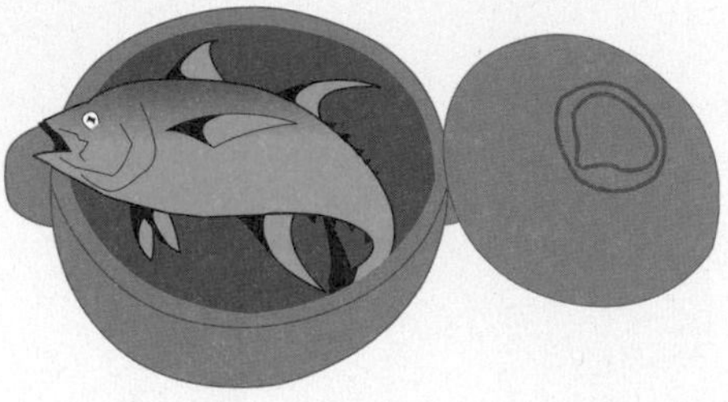

- **鮮魚湯：**坐月子每餐一定要喝熱湯才行，而最好的湯當然就是魚湯，不但能補充發乳所需的水分、優質蛋白質和脂肪，又含有豐富DHA。至於魚的種類，只要選擇經過檢驗的魚，或是避開高風險魚類，基本上任何魚都可以。
- **青木瓜排骨湯：**青木瓜含有維生素A及酵素可以幫助乳腺發育，而排骨則含有脂肪和蛋白質、鈣質，可增加母體營養。
- **山藥排骨湯：**山藥含有豐富的植物性荷爾蒙，排骨則為優質蛋白質來源，除了能增進泌乳量外，也提高乳汁中的蛋白質來源。

②發奶飲品（沒有人體試驗的證據）

- **熱(溫)牛奶：**含高蛋白質與乳脂肪，但東方人容易有乳糖不耐問題，因此若是敏感體質，則最好避免。
- **有機黑麥汁：**含大量水分以及豐富的維生素B群，可以提供充足養分發奶。
- **豆漿：**含植物性蛋白質、大豆卵磷脂，有助發奶並可幫助乳腺通暢。

③發奶營養補充品（有人體試驗的證據）

- **葫蘆巴（Fenugreek）：**葫蘆巴是一種天然香草，在印度會鼓勵產婦吃葫蘆種子製成的食物以增加母奶奶量[8]，近年來已有不少研究證實葫蘆巴確實有增加母乳分泌的作用[9]，一般常做成膠囊或茶。
- **奶薊（Cnicus benedictus）：**奶薊是一種地中海的草本植物，近年來被發現具有催奶效果[10]，常做成膠囊或茶。
- **椰棗：**在人體研究中可以發現椰棗比起對照組可以明顯的增加奶量。

多嘗試，從天然且新鮮的食物中，掌握「蛋白質」、「水分」及適量「油脂」的飲食原則，就有機會找出適合自己的發奶聖品，成功讓寶寶喝到充沛的母奶。

月子餐重點(六) 吃燕窩

增進皮膚修復&預防流感

孕前產後骨質的損失：懷孕後孕婦的鈣吸收會快速的增加以因應胎兒的需求，如果飲食中給予足夠的鈣與維生素D，孕婦的骨質密度並不會降低。但是生產後沒有胎盤的荷爾蒙支持，母親的鈣質攝取很快速的下降。但是因為哺乳的鈣質需求還是很高，只好從母親的骨頭抽取鈣質，從而導致骨質疏鬆。燕窩被發現可以促進產後組織修復，並且提升骨強度。

讓皮膚變美、骨力變強，還可以預防流感

二〇一一年日本的研究發現，服用燕窩可提升骨骼密度、鈣含量以及皮膚厚度，有助提升骨強度和加強皮膚能力、促進組織修復，並且延緩皮膚老化[11]。

此外，對於正在哺乳不能吃藥的媽媽來說，預防流感是非常重要的，而燕窩富含唾液酸（Sialic Acid），目前已證實在對抗病毒上扮演著重要的角色。二〇〇六年《抗病毒研究期刊》研究指出，燕窩的萃取物可以抑制流感病毒的傳染[12]，而台灣的燕窩研究也發現，燕窩可以和禽流感與流感病毒結合，降低細胞被病毒感染的機會，進而有阻斷流感病毒的效果[13]。

不過，想要真正吃出保健效果，還得聰明吃才行。首先在選購時，由於燕窩所費不貲，導致市面上假貨充斥，因此在選購燕窩時，不妨試試拙作《吃對保健食品2》的幾種方法。

現在市場上還有所謂的即食燕窩，強調開罐即食非常方便，但也有不少風險。二〇〇五年北市衛生局在迪化街及各大賣場抽驗

哺乳期間應遠離或避開的地雷&禁忌食物

產後應該加強的營養很多，但要避開的食物也不少，因為媽媽吃什麼，母乳中就會有什麼，為了寶寶的健康，從坐月子開始到哺乳期結束，請遠離以下地雷食物。

餵食母乳的飲食地雷&禁忌

①酒精

酒精會藉由乳汁傳遞給寶寶，寶寶常喝含有酒精的母乳，不只會有嗜睡情況，長期下來還會造成肌肉無力、生長發育遲緩，甚至影響智力發展，這也是為什麼傳統的月子料理，雖然會用很多米酒，但一定會煮到酒精完全揮發。對現代媽媽來說，由於已不再有不能碰水的禁忌，飲食上並不需要堅持以酒料理，所以哺乳期間，請禁酒並少吃含酒料理。

②咖啡因

咖啡、濃茶、巧克力、可樂等飲料都含有咖啡因，而寶寶喝了含咖啡因的母乳後可能會出現吵鬧、不易入睡的問題，所以哺乳期間最好避免。不過，台灣人喜歡喝飲料，特別是咖啡和茶，因此對許多媽媽來說，整個哺乳期都要禁絕濃郁的咖啡香或繚繞的茶香，的確相當痛苦。請記住，只要適時、適量，偶爾享受一下倒也無妨。首先在「量」的控管上，建議一天不可超過 200 毫克的咖啡因，喝完也不要立刻哺乳，兩者之間最好間隔 2 到 3 小時，若能做到，偶爾來杯咖啡和茶，是沒有關係的。

③辛辣刺激性食物（如：辣椒）

哺乳期間請少碰辛辣或是刺激性比較強的食物，例如辣椒、花椒等。因為這些刺激性的食物除會改變母乳味道；但孕期可以，因為孕期飲食有胎教效果，所以媽媽在孕期常吃辣，寶寶長大後也會愛吃辣。

④高脂、油炸的食物

脂肪雖然是母乳的重要成分，但過量既對自己健康有害，對寶寶健康也有影響。一項 2010 年的研究顯示，餵母乳的媽媽，如果在泌乳時食用高脂肪食物，養出來的寶寶不僅比較胖，同時對於葡萄糖耐受性試驗（Glucose tolerance test）的反應也明顯不佳，未來很有可能會產生糖尿病。至於油炸食物則更不用說，除了食物營養會在油炸過程中大量流失，而且還容易產生致癌物，影響健康。

⑤退奶食物

為了確保維持豐沛乳量，哺乳期間最好避開退奶食物，諸如：大麥芽、人參、韭菜、九層塔、薏仁、花椰菜、空心菜、瓜類、蘆筍、大白菜、竹筍、鳳梨、水蜜桃、梨子、奇異果等。不過這些食物的退奶效果，只是統計結果，反應並非絕對，即使不小心吃到也不用太過驚慌，畢竟「食物」並不等同於「藥物」，若是因此影響情緒，反而更容易造成退奶情況。

燕窩發現，五成八的即食燕窩根本毫無燕窩成分，甚至還含豬皮胺基酸；二〇一二年國際《食物安全》雜誌也針對市售即食燕窩進行檢驗，結果發現二十八個產品中，二十七個含有漂白的副產品[14]，可見即食燕窩品質良莠不齊，除非附有詳細的檢驗報告，否則不建議選用。

清洗烹調要當心，才能發揮燕窩保健效果

想達到吃燕窩來促進皮膚修復與預防流感等功效，建議每天每公斤體重必須吃一百毫克才行。此外，好不容易買到好燕窩，務必注意燕窩的清洗、烹調方式，才不會毀了它。要如何煮呢？那就是烹煮前不要清洗、挑毛，直接烹調就好。很多人以為煮燕窩前應該要多加清洗，認為這樣才衛生，卻不知這麼做反而會造成唾液酸流失，等於毀了燕窩的保健效果。

另外，烹調溫度也很重要，因為燕窩之所以可以促進人體細胞再生和組織生長，誘發細胞免疫功能，關鍵在於燕窩所含的細胞分裂激素 **Mitogenic Stimulation Factor** 以及表皮生長因子 **Epidermal Growth Factor**，而這兩種活性物質必須在八十℃以下才能保持活性，所以燕窩的加熱溫度必須控制在七十二到八十℃之間，既不能煲或煮沸，也不能低於七十二℃，以免細菌病毒引起感染。

1. YU-TING SU, FASEB, 2015.
2. Br J Nutr 1995;74:723–731, / Eur J Clin Nutr 2004;58:429–443, / Am J Clin Nutr 2003;77:226–233.
3. Lauritzen L. Pediatric Research. 58(2):235-42, 2005 Aug.
4. Suzanne Meldrum, Nutrients. 2015.
5 . J Pedinat Med 2007;35:S19-24 / Obstet Gynecol Surv 2004;59:722-30.
6. Journal of Perinatal Medicine. 35(4):295-300, 2007.
7. J Affect Disord 2002;69:15–29.
8. Passano，1995.
9. Riordan and Auerbach, 1998/Turkyilmaz , Lactation 2011/ Abeer El Sakka, J Ped Sci, 2014.
10. Di Pierro ,2008.
11. Matsukawa N, Biosci Biotechnol Biochem. 2011.
12. CT Guo , Antiviral research, 2006.
13. 陳怡仁，2011.
14. YN Xing ，Journal of Food Protection, 2012.

產後照護② 寶寶的營養攝取↓母乳、配方乳、副食品的階段運用

寶寶出生後，和媽媽已經分開，成了兩個獨立的個體，因此產後的照護重點，除了注意媽媽的營養攝取外，當然也得注意寶寶的營養。不只是坐月子，而是整個哺乳期都要注意飲食。

媽媽的哺乳期應該持續多久呢？世界衛生組織建議：母乳應哺餵到寶寶兩歲或「更大」，換句話說，只要寶寶想要、媽媽願意，不管餵到多大都可以。台灣兒科醫學會與美國小兒科醫學會則建議，母乳哺餵應至少到寶寶滿一歲，有鑑於此，我認為產後對寶寶的營養照護，至少應包含寶寶整個○歲階段。母乳雖然是寶寶的最佳營養來源，但它並無法完全滿足○歲寶寶的成長所需；從○歲寶寶「在短短一年中，體重增為三倍」的事實來看，我們不難了解寶寶在○歲階段的營養需求是極大的，因此產後就算能成功全母乳哺育寶寶，也應該從寶寶四到六個月起添加副食品，六個月以後甚至還得搭配使用配方乳，「三管齊下」才能滿足○歲寶寶的成長需求。

0歲寶寶營養來源(一) 母乳

寶寶學會正確含乳，才能真正喝到奶

哺育母乳，不能只注意媽媽的飲食，最重要的還是得「確定寶寶有真正喝到奶」才行。

雖然寶寶天生就具有尋找媽媽乳頭喝奶（尋乳反射和吸吮反射）的能力，不過這並不代表寶寶真的喝到奶喔！假如寶寶含乳方法不對，就算用力吸到面紅耳赤，其實吸到的母乳也有限，所以剛開始哺乳時，媽媽得花點功夫讓寶寶學習正確吸奶才行（方法詳見一七六頁圖）。當然，這可能需要多次嘗試，有時甚至得花上數周時間才能做好，請媽媽一定要有耐心。

想知道寶寶含乳方法到底對不對，其實很簡單，如果寶寶把乳頭含得好，媽媽是不會感到疼痛的，所以當寶寶吸吮會讓妳不舒服甚至疼痛，就表示含乳方法錯了，這時可以用指尖伸入寶寶嘴角，讓指尖進入寶寶上下顎的牙齦間，中斷寶寶的吸吮，然後將寶寶的嘴巴抽離，調整角度再重新開始。至於哺乳時的姿勢，基本上無論坐躺，只要媽媽和寶寶兩人都覺得舒服就可以，但要記得要左右換邊餵奶，以提供左右乳房平衡的刺激，同時也能提醒寶寶認真喝奶。

如何判斷寶寶有沒有喝到奶？

想判斷寶寶有沒有喝到奶，妳還可以觀察寶寶的動作：一開始寶寶可能吸吮的速度很快（一秒鐘二、三次），等奶水開始流出、寶寶真的吸到奶水時，吸吮動作會開始變慢（大約為一秒一次），這時他的下巴會下降（表示他嘴裡正充滿了奶水），稍做暫停後，才會把一大口奶水吞下去，並以這樣的節奏持續循環；假如吸吮動作一直很快，表示寶寶沒有真的吸到奶水，這時要中斷寶寶的吸吮，調整後再重新開始。

由於母乳哺餵不像奶瓶哺餵，無法看出寶寶倒底吃了多少乳汁，因此不少哺乳媽媽擔心寶寶沒吃飽。其實寶寶如果吃飽了，通常會自己鬆開乳頭，假如還是很擔心，可以用手指輕輕放在寶寶嘴邊，如果寶寶又出現吸吮動作，就表示還沒吃飽，可以繼續哺餵。

Step by Step 讓寶寶學會正確含乳

①

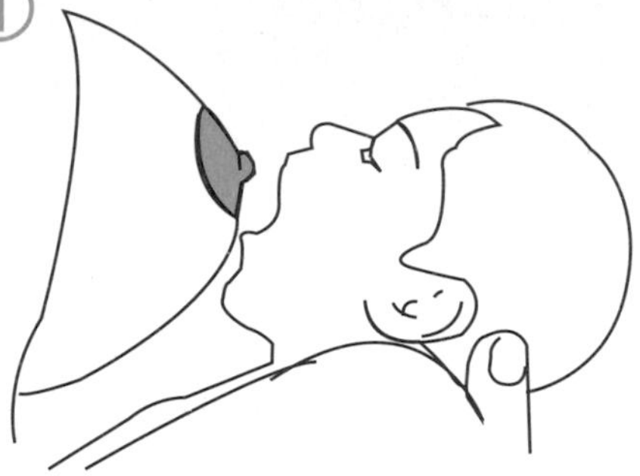

① 讓寶寶整個身體靠近媽媽，鼻子朝向乳頭靠近乳房，接著用乳頭或乳暈去碰寶寶的嘴唇，等寶寶嘴巴張得夠大夠寬時，將乳頭放入寶寶口中，讓寶寶含住大部分的乳暈和乳頭。

★常見錯誤→寶寶下唇或下巴朝向乳頭靠近乳房，或是嘴巴沒張大。

②

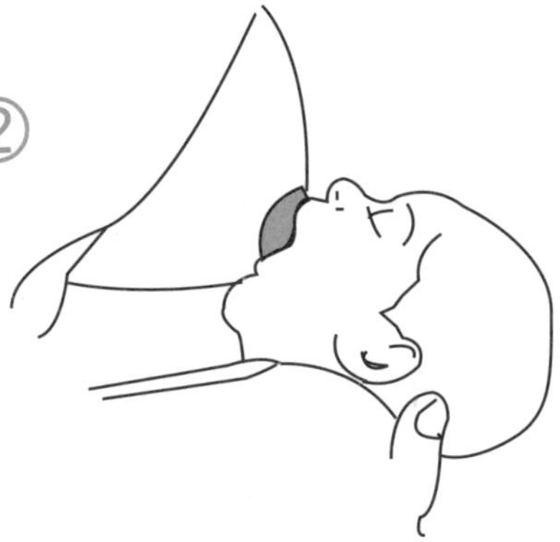

② 以寶寶的口腔為基準，我們能看見上方的乳暈範圍比下方來得多，同時寶寶的下嘴唇呈外翻狀，下巴會接觸到乳房；寶寶在吸吮時，應該是吸吮乳房，而不是咬著乳頭。

★常見錯誤→寶寶的下唇下方乳暈露出較多、下嘴唇沒有向外翻，或下巴沒有接觸到乳房。

③

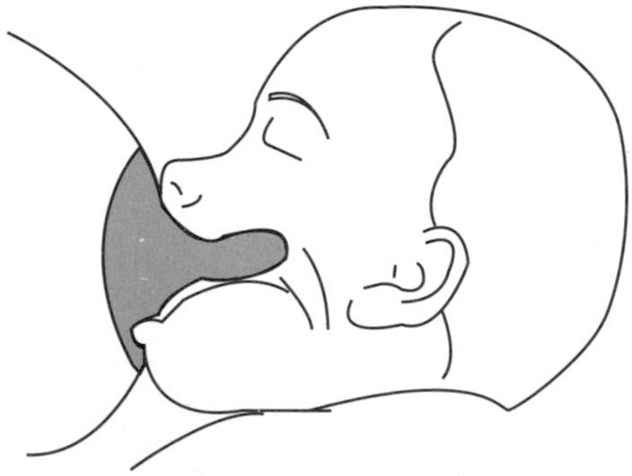

③ 注意寶寶舌頭的位置。含乳時，寶寶會伸長舌頭（超過他的下牙齦），而舌頭中間會形成一個溝，包圍著「奶嘴狀」的乳房組織。

★常見錯誤→寶寶沒把乳頭含好，讓媽媽感到不舒服甚至疼痛。

3動作1循環，教你判斷寶寶有沒有喝到奶

吸
下巴下降、嘴巴張大
此時寶寶嘴裡充滿奶水
暫停
吞
下巴上升、此時靠近可以
聽到吞嚥的聲音

寶寶若有吸到奶水，吸吮的速度會變慢，動作則會以上列方式持續循環。

寶寶喝到奶，媽媽乳汁會源源不絕

讓寶寶學會正確含乳，不僅是讓寶寶真正喝到奶水的關鍵，同時也有助媽媽增加泌乳量。想像一下，假如媽媽身體是製造母乳的工廠，那麼要製造源源不絕的乳汁，除了需要足夠的乳汁原料（哺乳媽媽的飲食），同時還需要製造乳汁的工廠良好運作（健康的母體），以及源源不絕的生產訂單（泌乳激素的持續分泌），只要其中有個環節發生狀況，整個生產線可能就會受到影響，造成奶量減少或根本出不來。

然而，想要維持豐沛的泌乳量，光有原料、訂單和好工廠還不夠，最後還必須確保出貨順暢，也就是寶寶真正喝到奶。如果沒有做到這一點，奶水過量囤積，那麼母親的身體會自動減量生產；相反的，身體製造的奶水若是能被寶寶吸走，那麼母乳量也會因此增加。

哺乳越早越好，寶寶喝母乳最好喝到1歲

媽媽產後泌乳激素會立刻增加，做好分泌母乳的準備，此時若能讓寶寶立刻吸吮乳房，身體接收到寶寶想喝奶的訊息，就會開始分泌乳汁，大約二到三天，媽媽的身體就能提供寶寶所需的母乳量。

影響乳汁分泌的 3 大因素

維持乳汁工廠良好運作（健康的母體）	源源不絕的生產訂單（泌乳激素的持續分泌）	製造乳汁的原料（哺乳媽媽的飲食）
除了疾病因素，熬夜、疲累、疼痛、月經周期等生理變化，以及緊張、壓力、擔心等負面情緒，都會影響母體，所以想要順利製造母乳，就務必多休息，並且保持充足睡眠。	泌乳激素是腦下垂體分泌的一種荷爾蒙，它會刺激乳房中腺體組織的泌乳細胞分泌乳汁，而泌乳激素的分泌關鍵就在「寶寶的吸吮」，因此只要讓寶寶多吸吮，多刺激，就能促進奶水分泌。	媽媽所攝取的食物會反應在她製造的乳汁成分上，所以多攝取製造乳汁的主要原料（發乳食物與水），奶水就會源源不絕。

相反的，如果沒有儘早讓寶寶吸吮，身體接收不到寶寶的需求，泌乳激素便會逐漸退去，日後就算可以用各種發奶方法提升乳量，但困難度也會大幅提升。換句話說，母乳哺餵應在寶寶出生後儘早開始，最好是出生後的第一小時。

由於母乳是嬰兒最好的食物，因此建議要持續哺育母乳到寶寶一歲，並且在寶寶滿四到六個月前以純母乳哺育。假如因故無法餵食母奶，可以使用配方奶，但絕對不可以用鮮奶，因為市售鮮乳，無論是牛乳還是羊乳，所含的蛋白質都以酪蛋白為主（牛奶八十五％、羊奶七十五％），對寶寶來說很難消化，而且總蛋白質含量太高，對腎臟功能發育尚未完全的寶寶來說會是很大的負擔。

〇歲寶寶營養來源㈡嬰兒配方乳

從寶寶滿6個月開始，光喝母乳的營養已經不夠

母乳是寶寶最理想的食物，這句話無庸置疑，但不少人也因此對嬰兒配方乳產生錯誤的成見，認為寶寶在〇歲階段就喝嬰兒配方乳，是媽媽太過偷懶。事實上，隨著寶寶慢慢長大，營養需求也跟著有所不同，純母乳哺餵並不足以支持寶寶六個月以後的成長及發展，尤其是維生素D，即使媽媽攝取足夠，但母乳的成分

適度乳房按摩可促進乳汁分泌、改善乳腺阻塞

按摩乳房能刺激乳房分泌乳汁，甚至改善乳腺阻塞、讓乳汁順利流出，但注意按摩過程不要太用力，以免造成乳腺受傷。

乳房按摩 Step by Step

❶ 用 2~3 根手指，從外向內（乳頭）以環形方向打圈按摩乳房。

❷ 一手托住乳房，用另一手的手掌，從外朝乳頭方向輕輕拍打乳房。

❸ 將拇指和食指放在乳暈周邊，輕輕擠壓。

❹ 拇指和食指在乳暈周邊不斷變換位置擠壓，排空所有乳汁。

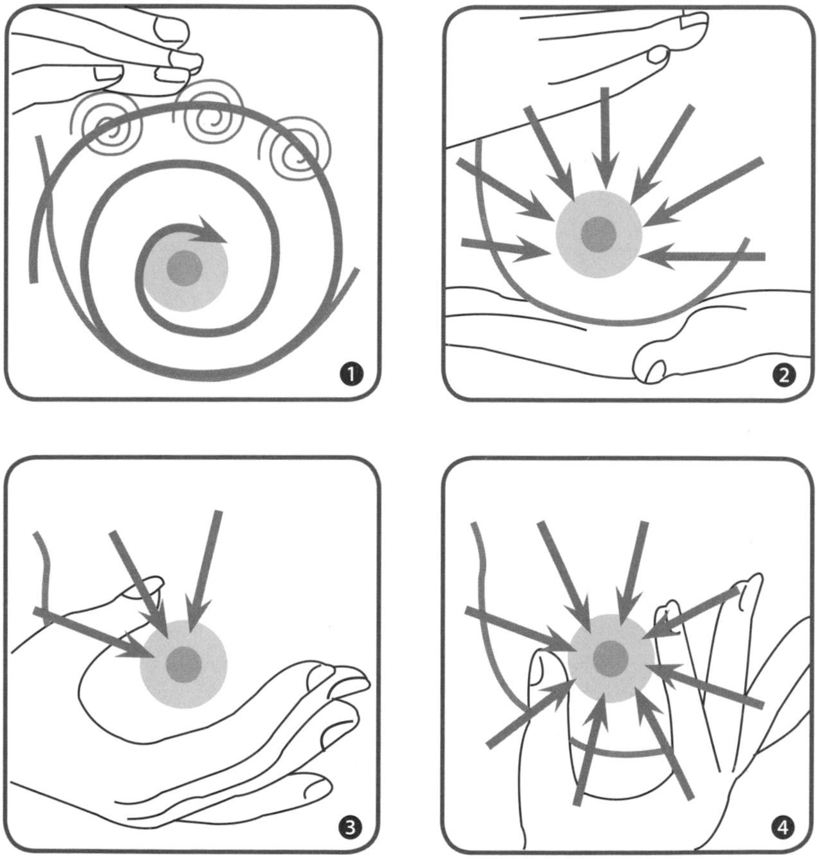

仍然不足，因此適度透過嬰兒配方乳以及副食品進行營養補充是必要的。

有些媽媽認為〇歲階段最好完全以純母乳哺育，才能降低孩子過敏機率，其實這個想法應該稍加修正。醫學研究雖已證實，即使爸媽有過敏疾病，寶寶若能以母乳哺育超過四個月，將可以延後甚至預防過敏及氣喘的發生。但同樣也有研究指出，寶寶滿四個月起，若能在母乳外混合使用水解嬰兒配方乳，可降低高風險嬰兒罹患異位性皮膚炎的機會，換句話說，最好的〇歲寶寶飲食計畫應該是：寶寶滿四個月前，完全以純母乳哺育，但自寶寶六個月大起，除母乳外，應添加嬰兒配方乳與副食品來輔助，才能滿足「一暝大一吋」的〇歲寶寶。

避免購買含有麥芽糊精、澱粉、蔗糖等「添加糖」的配方乳

市售嬰兒配方奶品牌眾多，每家都標榜自家特殊配方，到底該怎麼選擇呢？事實上嬰兒配方奶是母乳化奶粉，是為了滿足嬰兒營養需要，以牛乳或其他動植物成分為基礎再加以調整，使成分接近母乳的奶製品，其成分、比例須符合聯合國糧農組織與世界衛生組織的嚴格規範，額外的添加物如：牛磺酸、DHA等物質，也必須比照母乳比例進行添加，所以理論上每一瓶的「營養配方含量」不會差太多，必須要注意的是配方的成分。

在選擇配方奶廠牌時，爸媽可以先看一下成分表，不論表單有多複雜，其實內含的成分不外乎母乳所含的六大營養素：蛋白質、脂肪、碳水化合物（醣類）、維生素與礦物質（微量元素）。以右圖為例，蛋白質的配方成分含α-乳白蛋白，脂肪的配方成分則有亞麻油酸、α-次亞麻油酸、花生油酸（AA）、二十二碳六烯酸（DHA）等。此時最需要注意的就是「碳水化合物（醣類）的配方成分」，目前可添加於嬰兒配方的醣類成分，一種是

天然糖，如乳糖、低聚半乳糖、寡糖，另一種則是添加糖，如麥芽糊精、葡萄糖漿、澱粉、蔗糖、高果糖玉米糖漿（HFCS）、玉米糖漿等；從功能上看，這些糖都可轉化成葡萄糖，提供寶寶身體活動及快速成長發育所需要的熱量，在前面篇章也提過，由於添加糖比天然糖甜，一旦寶寶適應了添加糖的甜味，往往就不願意吃不太甜的奶粉和副食品，不僅嚴重影響寶寶的營養攝取，也會養成寶寶挑食、偏食習慣，而造成肥胖問題。

完全水解奶粉的保護效果比部分水解奶粉好

此外，市售嬰兒配方奶的包裝標籤上，除了DHA、AA、牛磺酸等專業營養成分名詞外，有些還會打出適度水解、完全水解等配方。這些都屬於「水解蛋白配方奶」，因為以牛乳、羊乳、黃豆為基礎製造出來的嬰兒配方奶，不管如何調配，都依然是牛、羊、黃豆等非人類的蛋白，這些蛋白容易引起寶寶腸胃道的過敏反應（例如：腹脹、嘔吐、便秘、血便、腸絞痛等）與皮膚、呼吸道的過敏症狀，為了改善這些問題，配方奶的製造商便運用酵素水解技術，改變蛋白質的排列組合與立體結構，將大分子的蛋白質分解成小分子的蛋白質，讓寶寶容易消化吸收，以大幅降低過敏的可能性。這就像是把牛排、豬排弄成絞肉或肉泥，相較於還得切塊、咀嚼半天的排肉，絞肉、肉泥吃起來當然比較輕鬆。

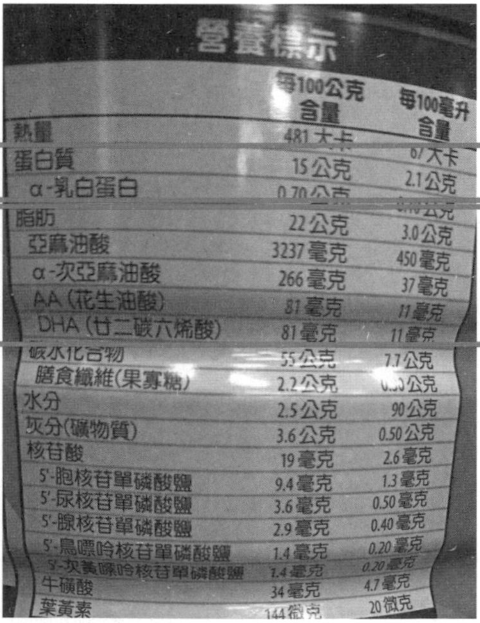

換句話說，「適度水解」與「完全水解」的差別，就像是絞肉和肉泥，關鍵在於能把蛋白質分解到多小。

根據美國小兒科醫學會、歐洲小兒科醫學會等對水解蛋白配方奶的定義，須八〇％以上的蛋白質水解到小於兩千五百 **Dalton**（道耳頓）的小分子，並且經臨床證實，對八〇％以上的牛奶蛋白過敏者有緩解過敏症狀的配方奶，才可歸為完全水解蛋白配方奶；而部分水解配方蛋白質，蛋白分子仍大於三千五百 **Dalton**（道耳頓），保護效果較低，僅適用於牛乳蛋白過敏高發生率的寶寶作為預防，並不適用已經確診有牛乳蛋白過敏的寶寶。

此外，網路流傳「黃豆基底奶粉可以避免過敏」的說法，其實是沒有證據的，因為黃豆蛋白和牛、羊乳蛋白一樣都不是人類蛋白，因此水解蛋白配方還是最好的選擇。

用熱水沖泡配方乳，營養全都跑光光

當媽媽選擇添加配方奶來補充寶寶營養時，要記住，千萬不要用熱水泡奶粉，否則會破壞奶粉的營養物質。而且寶寶的口腔非常的細嫩，大人覺得適當的溫度對寶寶來說還是很燙的。

根據《國際食品微生物學期刊》的大型調查，配方奶粉可能有川崎腸桿菌汙染，所以世界兒科醫學會建議使用七十二℃泡奶。但是實際上很難做到（據我所知好像沒人做到過），而且泡完後小嬰兒等著喝又如何入口？我建議使用可以精準控溫的加熱器將水加熱到七十二℃，再將泡奶所需一半水量倒入奶瓶，將配方奶粉加入完成消毒，再加入另一半的室溫水就可以將溫度降到適口溫度的附近，方便肚子餓了在哭的小心肝馬上享用。

水解技術示意圖

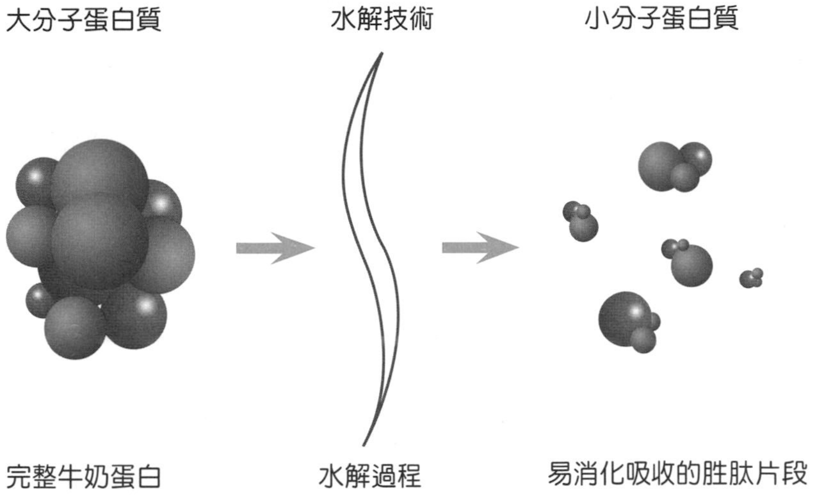

初乳營養價值高，所以寶寶喝「牛初乳」比較好？

許多無法持續哺乳的媽媽會認為初乳營養價值高，會給寶寶喝「牛初乳」，但雖然都是初乳，不同哺乳動物的初乳成分卻有很大差別，所以牛初乳並不能等同於人初乳。

舉例來說，母牛無法在懷孕期間透過胎盤把 IgG（免疫球蛋白 G）傳給小牛（人則可以），所以牛初乳中的免疫球蛋白主要以 IgG 為主，但人初乳中的免疫球蛋白卻是以 IgA（免疫球蛋白 A）為主，而且牛初乳中蛋白質比例偏高，還會增加寶寶的腎臟負擔。因此我認為寶寶在 0 歲階段都不該喝牛初乳，尤其是 6 個月以前更是絕對要避免。

0歲寶寶營養來源㈢ 嬰兒副食品

4個月大寶寶就可以吃副食品

一般來說，寶寶出生後體內仍保有來自母體的抗體與營養素，因此只要攝取充足的母乳（或嬰兒配方奶），就能獲得生理發展所需的各種營養素。然而隨著寶寶成長，大約四到六個月大，來自母體的營養素會逐漸耗盡，

這時就需要開始嘗試一些流質或半流質食物，也就是所謂的副食品（又稱為「離乳食」）。副食品的作用，除了協助提供寶寶生長發育所需的各種營養素（母乳仍是主要營養來源），同時也是寶寶從流質飲食進入固體食物的橋梁，因此應先由流質食物開始，再到半流質食物，最後才嘗試固體食物，以漸進的方式，讓寶寶適應各種不同的食物。

有些人認為，等寶寶滿六個月後再給予副食品可幫助預防過敏，其實這已經是十多年前的觀念。事實上，不僅沒有證據可證實將嬰兒使用固體食物推遲到六個月後可以預防過敏[1]，而且現代醫學甚至發現，太晚給予副食品不但不能減少過敏機率，反而還可能增加，因此美國兒科醫學會與歐洲大部分國家，大多建議在寶寶四到六個月大時，就為嬰兒添加副食品。只是要提醒爸媽，當寶寶開始吃副食品後，可能會改變味覺習慣，變得不再喜歡喝奶，再加上這段期間恰好是寶寶的厭奶期（四

注意！保溫易孳生細菌，喝不完的奶不要留超過1小時

由於配方奶粉價錢不便宜，如果寶寶沒一次喝完，大多數爸媽都會把這餐未喝完的奶，保溫留到下一餐再給寶寶喝，反而讓配方奶長時間曝露在細菌容易滋生的30~40℃環境中，增加寶寶拉肚子的機會。

因此我必須嚴正提醒爸媽，每一次沖泡的配方奶只限當次喝，喝不完的奶千萬不要保溫超過1小時，否則可能喝出問題。

個月前後），寶寶很可能會有什麼都不肯吃的反應，容易導致營養素攝取不足。假如出現這樣的現象，爸媽們可得有耐心，只要多試幾次讓寶寶適應，應該就能慢慢改善。

從免疫學的角度來看，當嬰兒腸胃道在四個月大準備接受副食品的同時，身體的免疫系統也開始有免疫耐受性了，因此只要是天然食材，寶寶都可以吃，即使爸媽有過敏體質的寶寶也不例外。有鑑於此，我建議只要寶寶開始具備吞嚥與消化半固體（泥狀）食物的能力，就可以開始吃魚泥。

以前的人以為寶寶太早吃魚會容易引起過敏，其實恰恰相反。一項對四千零八十九個新生兒進行的研究證實，一歲前若能規律的吃魚，將能減少過敏的發生[2]；另一項含五千個個案數的

3 階段副食品給予原則

流質食物階段（大約寶寶 4~6 個月）	半固體食物階段（大約寶寶 7~9 個月）	固體食物階段（大約寶寶 10~12 個月）
【食物型態】由流質漸漸轉為半流質	【食物型態】半固態（泥狀）	【食物型態】固體
【新嘗試】各種果汁、菜汁、肉汁	【新嘗試】各種果泥、菜泥、肉泥	【新嘗試】乾飯、全蛋

* 製作副食品，最好以天然食物為主，不要使用調味料，當然油炸、辛辣的東西也不適合給寶寶吃。
* 通常 5 個月大的嬰兒已慢慢具備吞嚥與消化半固體食物的能力，這時就可以開始嘗試母奶以外的蛋白質食物，例如魚泥就是不錯的選擇。
* 7 個月以後的寶寶可以開吃半固態食物，此時只要是天然的食物都可以嘗試，但有骨頭或有刺的食物一定得特別小心。

研究也指出，如果寶寶在九個月前吃魚，一歲時發生異位性皮膚炎的機率將降低二十四%[3]，所以讓寶寶在〇歲階段多吃魚，對孩子的健康其實有很大幫助。

0歲寶寶營養來源（四）特別的營養補充

維生素D：母乳寶寶從6個月起就會缺乏

為了因應〇歲階段的快速成長，寶寶出生前大多會先「屯糧備貨」，自媽媽身上先汲取一些營養素儲存，因此出生後只要攝取充足母乳，應該就能滿足成長所需。但當寶寶六個月大時，來自母體的營養素就會逐漸耗盡，此時第一個亮紅燈的營養素是「維生素D」。因為母乳中維生素D的活性很低，所以即使媽媽在哺乳期間有特別補充，但寶寶仍然難以從母乳中獲取足夠的維生素D；假如媽媽在懷孕期間，自身就缺乏維生素D，寶寶出生後的屯糧（維生素D）較少，這種情況就會更早發生。

維生素D在人體內具有荷爾蒙功效，負責調節基因表現和細胞機能，對寶寶成長發育有很大影響，其中最顯而易見的就是維生素D不足會導致缺鈣，影響孩子骨骼和牙齒的健康；這也正是為什麼寶寶從六個月起需要搭配嬰兒配方奶，因為大多數的嬰兒配方奶都會添加維生素D，幫寶寶補充適度的營養素。除了透過嬰兒配方奶補充外，建議也可多讓寶寶曬曬太陽，假設沒有機會多曬太陽（例如正值冬季或陰雨季節），就要小心維生素D缺乏問題，這時可根據醫生建議適度補充。

益生菌：剖腹產&非母乳寶寶最需要

媽媽們都知道，益生菌能調節腸道菌群，增強腸道抵抗力，達到治療腹脹、腹瀉、便秘等問題，對健康有很大幫助；而且根據研究，益生菌可以降低新生兒溢奶及夜哭的次數五〇%。然而，有些寶寶先天的腸道益菌較少，這時就必須另外補充益生菌，以維持腸道菌群

益生菌活性小測試

① 在豆漿（或鮮奶）中，加入 1 包益生菌。

② 放入電鍋，以「保溫」放置 2~4 小時。

③ 看結果，如果變成優格，就表示菌是活的。

無論是豆漿還是鮮奶，添加物多就會失敗，所以通常鮮奶的效果較差，建議以自製豆漿最好。

由於添加物會影響結果，所以若已確定菌是活的，反過來也可以用來測試其他豆漿和鮮奶產品，若是失敗，就表示產品中含有抗生素或添加了會抑制細菌的成份了！

平衡，其中最需要補充益生菌的寶寶為：

① 剖腹產寶寶

研究顯示，由於剖腹產寶寶出生時沒有通過母親產道以吸收好的細菌及益生菌，因此這些寶寶腸道中，雙叉桿菌屬（Bifidobacteria，俗稱比菲德氏菌）與脆弱擬桿菌（Bacteroid fragilis）等厭氧菌特別少，反而是困難腸梭菌（Clostridium difficile）及大腸桿菌等壞菌特別多，這種菌相會影響腸道免疫發展，導致寶寶出生後第一年就發生過敏與胃腸道感染的機率提高，因此必須適度補充益生菌，改善腸道環境。

② 非母乳哺餵的寶寶

母乳寶寶腸道內主要是以雙歧桿菌和乳酸菌為主，因為母乳內含有抗體和消化酶，可以抑制部分微生物生長，同時降低腸道pH值，促進腸內的雙歧桿菌和乳酸菌等益生菌的生長，而非母乳哺餵（吃配方奶）的寶寶，腸道內的菌種很雜，腸桿菌、葡萄球菌、梭桿菌、鏈球菌等數量都不少，發現困難腸梭菌的機率也遠比喝母乳的寶寶更高，這時就必須另外補充益生菌，以維持和母乳寶寶一樣的腸道環境。

不過，寶寶益生菌產品多不勝數，該如何選擇呢？其實除了數量、菌種之外，最最重要的就是「活性」。益生菌是有生命活力的微生物，所以必須是「活的」才能有健康作用，然而從生產、包裝到貨架待售，溫度控制不良都會降低益生菌的活性，建議購買後，不妨運用簡單的生物測定法，自行做個小測試，就能知道你買的益生菌是否仍具有活性，（有關益生菌詳見拙作《吃對保健食品2》）或者直接買在常溫可以存活的益生菌。

魚油（DHA）：0歲階段就應注意攝取量

寶寶出生後的前兩年是大腦發育最快速的階段，而〇到一歲這時期更被科學家們認為是人類腦部發育的黃金時期，因此從寶寶出生開始就應注意DHA的攝取。研究發現，嬰幼兒若能攝取足夠的DHA，可提高智商[4]與學業成績[5]、改善注意力與學習力[6]、有助控制注意力不足過動症[7]，同時還能改善免疫系統發展[8]，降低孩子焦慮、憂鬱及侵略行為發生[9]。

如何讓寶寶攝取足夠的DHA呢？首先建議媽媽「親餵母乳」，尤其是寶寶四至六個月大前，能以純母乳哺餵最佳，媽媽只要注意自己的飲食，攝取足夠的DHA，寶寶就可以從母乳中攝取所需，等開始吃副食品再考慮額外補充。

假如寶寶很早就開始喝配方奶，或是以配方乳為主，母乳為輔，那麼即使選擇含DHA的配方乳，仍建議另外補充魚油。因為DHA成本較高，就算產品標示強調有添加DHA，但實際添加量卻少得可憐，可從產品成分表仔細估算寶寶的攝取量，若是不夠，則可以考慮更換其他奶粉品牌或是另外為寶貝增加適量的DHA營養品。

假如決定透過營養品補充，由於〇歲寶寶還不會咀嚼錠劑和吞食膠囊，可以將魚油膠皮刺破將魚油滴入配方奶中；此外，選購魚油務必注意產品標示中EPA、DHA的比例。市面上一般魚油的DHA、EPA比例多為二比三，但兩歲以下幼兒體內代謝EPA的機制尚未成熟，並不適合這種「EPA比例較高」的魚油，應選擇DHA、EPA比例接近六比一，也就是以DHA為主的產品。（有關魚油污染問題詳見拙作：《吃對保健食品1》）

至於攝取量，美國食物及營養委員會在二〇〇二年即針對魚油提出相關建議，而歐盟食品安全局則是在食品、營養及過敏專題中提出寶寶對DHA的每日需求量，爸媽們可彈性選擇參考。

美國食物及營養委員會對嬰幼兒提出的魚油攝取建議

年齡	魚油攝取建議
0~12 個月	500mg
1~3 歲	700mg

歐盟食品安全局對嬰幼兒提出的DHA 每日攝取建議

年齡	每日 DHA 攝取建議
0~6 個月	20~50mg
7~24 個月	100mg
2~12 歲	150mg

1. Greer et al 2008 Sicherer and Burks 2008.
2. 1Kull et al 2006.
3. Alm et al 2009.
4. Pediatrics 2003;111:39–44.
5. B K Brew, European Journal of Clinical Nutrition 2015.
6. Child Dev 2004;75:1254–1267.
7. Voigt RG J Pediatr. 2001;139:189-196.
8. Clin Exp Allergy 2004;34:1237–1242.
9. Prostaglandins Leukot Essent Fatty Acids 2006;75:329–349.

3. 採用無毒包裝

月子餐的包裝，應選擇可耐酸、耐鹼又耐高溫的陶瓷或 304 不鏽鋼餐具，才能確保安全。

★寶寶防毒→避免使用塑膠製品

1. 嬰兒奶瓶用玻璃材質最安全
2. 確認保存母乳母乳袋不會釋出塑化劑
3. 副食品餐具千萬別用美耐皿材質～建議選擇耐酸、耐鹼又耐高溫的 304 不鏽鋼餐具。
4. 寶寶喜歡把生活用品、玩具放入嘴巴中啃咬，所以千萬別選擇塑膠類製品。

小心，圍繞在寶寶身邊的塑膠製品，正偷偷侵蝕著寶寶的健康！

塑膠奶瓶

塑膠水壺

塑膠碗筷

塑膠玩具

巧拼地墊

塑膠軟質書包

附錄之一　做一個無毒媽媽：避開飲食 & 環境毒素

★注意月子中心的環境毒素

1. 「全新裝潢」可能含大量揮發性有機物。
2. 嬰兒室必須有通風換氣的空調，不能只有冷暖氣。

★訂購月子餐，除了營養還要注意 3 大重點

1. 選用無毒食材

Catch ① 請廠商出示食材定期檢驗（農藥、抗生素、瘦肉精……等）合格證明

Catch ② 注意中藥材的來源是否安全，例如「台灣紅棗」是通過農藥與重金屬檢驗的安全食材，產婦和新生兒攝取都沒有問題

2. 採用無毒烹調

Catch ① 蔬果食材要經過嚴格三槽分洗

第一槽：流動清水＋軟毛刷去汙

第二槽：浸泡小蘇打水，去除表面農藥

第三槽：用超音波＋ RO 水完全清潔

Catch ② 烹調方式須滿足三大健康訴求：不加味精、焦糖色素和反式脂肪。

Catch ③ 每日現煮直送：避免吃到防腐劑。

中部

名稱	地址	電話
為恭紀念醫院 附設產後護理之家	苗栗縣頭份鎮頭份鎮信義路 128 號 15 樓	037-676660
苗栗縣私立惠揚產後護理之家	苗栗縣竹南鎮竹南鎮忠義街 56 號	037-475586
敦南真愛產後護理之家 (台中館)	台中市北區台灣大道二段 360 號 20 樓	04-2326-1087
皇家產後護理之家	台中市北區五權路 377 號	04-2201-3456
財團法人敬德基金會 附設敬德產後護理之家	台中市西屯區台中市西屯區敬德街 8-2 號	04-2461-4546
環球台中產後護理之家	台中市南區建國南路二段 150 巷 15 號	04-2260-7555
媽媽咪亞產後護理之家	台中市南屯區公益路二段 60 號	04-2319-7733
中國醫藥大學附設醫院台中東區分院附設產後護理之家	台中市東區自由路三段 296 號	04-2212-1058
優生婦產科聯合診所 附設產後護理之家	台中市豐原區府前街 156 號 2~4 樓	04-2527-8365
華仁愛產後護理之家	彰化縣彰化市建寶街 20 號 (5~7 樓)	04-700-8520
漢銘醫院附設產後護理之家	彰化縣彰化市中山路一段 366 號 5 樓	04-711-3456 轉分機 5000

東部

名稱	地址	電話
喜寶人文產後護理之家 (宜蘭館)	宜蘭縣宜蘭市中山路二段 190 號	03-936-0055
門諾醫院附設產後護理之家	花蓮縣花蓮市民權路四十四號	03-824-1234

附錄之二 產後護理之家一覽表

北部

名稱	地址	電話
禾馨賀果產後護理之家	台北市中山區新生北路三段 11 巷 32 號	02-2599-7111
璽恩產後護理之家	台北市內湖區行善路 351 號	02-2793-8168
敦南真愛產後護理之家（敦南館）	台北市大安區敦化南路一段 362 號 3 樓	02-2701-9150
馨月產後護理之家	台北市北投區光明路 246 號 1 樓	02-6610-3323
健寶兒產後護理之家	台北市松山區八德路 4 段 111 號 4 樓	02-2525-0828
藍田產後護理之家	台北市中正區新生南路一段 170 巷 13 號	02-3322-5000
喜多產後護理之家	台北市松山區南京東路五段 300 號 4 樓	02-2767-1016
璽悅精緻產後護理之家（士林館）	台北市士林區中正路 420 號 8 樓	02-2831-2121
彌月房產後護理之家（信義館）	台北市信義區忠孝東路四段 563 號 13 樓	02-2753-3777
滿福產後護理之家	新北市土城區中央路二段 304 號	02-8261-0177
囍兒產後護理之家	新北市板橋區南雅南路一段 8 號 4 樓	02-2965-0200
媽咪寶貝產後護理之家	新北市板橋區重慶路 262 號 5 樓	02-8953-5488
美悅產後護理之家	新北市板橋區中山路一段 50 巷 22 號 3 樓	02-2964-3388
台大幼幼產後護理之家	新北市三重區重新路二段 21 號 9 樓	02-2980-9801
新生產後護理之家	新北市汐止區新台五路一段 207 號 7 樓	02-2647-6299
喜得產後護理之家（中和館）	新北市中和區建康路 152 號 1~8 樓	02-2225-0958
喜寶人文產後護理之家（桃二館）	桃園市桃園區大興西路一段 305 號	03-358-0579
好寶寶桃園產後護理之家	桃園市桃園區三民路二段 286 號 5-8 樓	03-336-4488
江婦產科診所附設產後護理之家	新竹市東區民族路 125 號	03-535-3532

南部

	地址	電話
康寶產後護理之家	嘉義市東區民族路 106 號	05-277-9393
聖馬爾定醫院附設產後護理之家	嘉義市東區大雅路二段 565 號 5 樓	05-275-6000 轉 5501
信合美診所附設產後護理之家	嘉義市西區興業西路 89 號 5 樓	05-236-5206
親親產後護理之家	台南市新市區仁愛街 205 巷 2 號	06-589-1035
聖帝諾產後護理之家	台南市北區海安路三段 338 巷 17 號	06-251-8555
新南產後護理之家	台南市安平區建平 14 街 96 號	06-295-5828
惠寶產後護理之家	台南市中西區忠義路二段 225 號	06-223-5135
安欣產後護理之家	台南市東區中華東路三段 46 號 5 樓	06-289-4488
康芙產後護理之家	台南市北區中華北路二段 101 號	06-350-5063
馨蕙馨醫院附設產後護理之家	高雄市左營區明誠二路 541 號	07-558-6080
吳太太產後護理之家	高雄市前鎮區民權二路 430 號 8 樓	07-331-9611
段志憲婦產科月子中心	高雄市前金區七賢二路 347 號	07-261-9888
長庚醫療財團法人附設高雄產後護理之家	高雄市鳥松區大埤路 123 號	07-731-7123 轉 6066、6068
安田婦產科附設產後護理之家	高雄市苓雅區三多二路 353 號	07-725-5167
四季台安醫院附設產後護理之家	高雄市三民區聯興路 157 號	07-3983000
高雄醫學大學附設中和紀念醫院附設產後護理機構	高雄市三民區自由一路 100 號 A 棟 3 樓	07-312-1101
民族醫院附設產後護理之家	高雄市三民區民族一路 880 號	07-346-2802
安和醫院附設產後護理之家	屏東市自由路 598 號	08-765-1828
啟彌產後護理之家	屏東市中正路 9 鄰 620 號 4 樓	08-738-1921

新自然主義 新醫學保健 | 新書精選目錄

序號	書名	作者	定價	頁數
1	**減重後，這些疾病都消失了！**劉博仁醫師的營養療法奇蹟⑤	劉博仁	330	224
2	**吃對保健食品②天然篇：**江守山醫師教你聰明吃對 12 大天然保健品	江守山	330	224
3	**好眼力：護眼、養眼、治眼全百科：** 百大良醫陳瑩山破解眼科疑難雜症	陳瑩山	330	224
4	**筋骨關節疼痛防治全百科：** 骨科專家游敬倫整合中西醫學最新對症療法	游敬倫	330	224
5	**腎臟科名醫江守山教你逆轉腎：**喝對水、慎防毒、控三高	江守山	330	280
6	**完全根治耳鼻喉疾病，眩暈、耳鳴、鼻過敏、咳嗽、打鼾：** 劉博仁醫師的營養療法奇蹟④	劉博仁	330	240
7	**情緒生病，身體當然好不了：**黃鼎殷醫師的心靈對話處方	黃鼎殷	330	240
8	**健檢做完，然後呢？** 從自然醫學觀點，拆解數字真相，掌握對症處方，找回健康！（附 CD）	陳俊旭	350	272
9	**來自空中的殺手：**別讓電磁波謀殺你的健康	陳文雄 陳世一	350	192
10	**醫食同源：**彩色圖解 93 道健康美味家常食譜	新居裕久	350	176
11	**顧好膝關節：**1 分鐘關節囊矯正健康法	酒井慎太郎	300	224
12	**轉轉腳踝：**1 分鐘足部穴位健康法	福辻鋭記	250	128
13	**1 分鐘治好腰痛：**50,000 人親身見證，最有效的腰痛改善法	小林敬和	280	192
14	**膽固醇**完全控制的最新療法	井藤英喜	260	184
15	**血糖**完全控制的最新療法	井藤英喜	260	192
16	**尿酸**完全控制的最新療法	谷口敦夫	260	184
17	**血壓**完全控制的最新療法	半田俊之介	260	184
18	**三酸甘油酯**完全控制的最新療法	西崎統	260	184
19	**肝功能**完全控制的最新療法	廣岡昇	260	184

新自然主義 綠生活 新書精選目錄

序號	書名	作者	定價	頁數
1	**放手吧，沒關係的。**沒有低谷就不會有高山，沒有結束就不會有開始；留下真正需要，丟掉一切多餘，人生會更輕鬆美好	枡野俊明	300	280
2	**狗狗心裡的話：**33 則毛小孩的療癒物語	阿內菈	250	160
3	**生命中的美好陪伴：**看不見的單親爸爸與亞斯伯格兒子	黃建興	250	184
4	**綠色魔法學校：**傻瓜兵團打造零碳綠建築（增訂版）	林憲德	350	224
5	**我愛綠建築：**健康又環保的生活空間新主張（修訂版）	林憲德	260	168
6	**千里步道，環島慢行：**一生一定要走一段的土地之旅（10 周年紀念版）	台灣千里步道協會	380	264
7	**千里步道 ❷ 到農漁村住一晚：**慢速．定點．深入環島網上的九個小宇宙	台灣千里步道協會	350	224
8	**千里步道 ❸ 高雄慢漫遊：**一本令人難忘的旅行故事書	周聖心、林玉珮 洪浩唐、張筧等	330	208
9	**綠色交通：慢活．友善．永續：**以人為本的運輸環境，讓城市更流暢、生活更精采（增訂版）	張學孔 張馨文 陳雅雯	380	240
10	**亞曼的樸門講堂：**懶人農法．永續生活設計．賺對地球友善的錢	亞曼	380	240
11	**我們的小幸福小經濟：**9 個社會企業熱血追夢實戰故事	胡哲生、梁瓊丹 卓秀足、吳宗昇	350	240
12	**英國社會企業之旅：**以公民參與實現社會得利的經濟行動	劉子琦	380	240
13	**省水、電、瓦斯 50% 大作戰！！**跟著節能省電達人救地球	黃建誠	350	208
14	**我在阿塱壹深呼吸：**從地理的「阿塱壹古道」，見證歷史的「瑯嶠－卑南道」	張筧 陳柏銓	330	208
15	**恆春半島祕境四季遊：**旭海．東源．高士．港仔．滿州．里德．港口．社頂．大光．龍水．水蛙窟 11 個社區．部落生態人文小旅行	李盈瑩 張倩瑋 張筧	350	208
16	**一個人爽遊：東港．小琉球：**迷人的海景．生態．散步．美食．人文	洪浩唐	330	190
17	**荷蘭，小國大幸福：**與天合作，知足常樂：綠生活＋綠創意＋綠建築	郭書瑄	320	224
18	**挪威綠色驚嘆號！**活出身心富足的綠生活	李濠仲	350	232

無毒好孕

江守山醫師教你：遠離生活毒素，健康受孕、養胎

作　　者：江守山
特約編輯：黃麗煌、凱待
內頁插畫：洪祥閔
圖文整合：洪祥閔

總 編 輯：蔡幼華
責任編輯：何喬
編輯顧問：洪美華

出 版 者：新自然主義
　　　　　幸福綠光股份有限公司
地　　址：台北市杭州南路一段 63 號 9 樓
電　　話：(02)23925338
傳　　真：(02)23925380
網　　址：www.thirdnature.com.tw
E-mail：reader@thirdnature.com.tw

印　　製：中原造像股份有限公司
二　　版：2020 年 2 月
郵撥帳號：50130123 幸福綠光股份有限公司
定　　價：新台幣 350 元（平裝）
（原書名：安心好孕）

ISBN 978-957-9528-69-6

總經銷：聯合發行股份有限公司
新北市新店區寶橋路 235 巷 6 弄 6 號 2 樓
電話：(02)29178022 傳真：(02)29156275

國家圖書館出版品預行編目資料

無毒好孕：江守山醫師教你：遠離生活毒素，健康受孕、養胎 / 江守山 著 一二版一 臺北市：新自然主義、幸福綠光 , 2020.02
面： 公分
ISBN 978-957-9528-69-6　　（平裝）
1. 懷孕 2. 健康飲食 3. 婦女健康

429.12　　109000958